中高职/化工操作工实用型教材



# 化工仪表及自动化

主编　姜换强　　主审　匡芬芳

中国石化出版社
·北京·

## 内 容 提 要

本教材以"任务引领"的课程设计思路为原则，结合化工仪表发展的最新技术，结合学生的认知能力和特点，结合大量生活和生产实例，详细论述了化工仪表及自动化的相关知识。与以往教材相比，本教材在内容上有了大胆的突破和创新，以简洁、通俗的语言以及图文并茂的表达形式，让学生更易理解和喜爱，力求体现"简洁、通俗、清晰、实用、新颖"的风格和思想。

本书以培养化工操作工为目标，适合作为中高职院校相关课程教材，也可作为相关工程技术人员的参考书。

**图书在版编目(CIP)数据**

化工仪表及自动化／姜换强主编．—北京：中国石化出版社，2013.5(2024.8重印)
ISBN 978-7-5114-2042-8

Ⅰ.①化… Ⅱ.①姜… Ⅲ.①化工仪表-教材 ②化工过程-自动控制系统-教材 Ⅳ.①TQ056

中国版本图书馆CIP数据核字(2013)第081714号



**中国石化出版社出版发行**

地址:北京市东城区安定门外大街58号
邮编:100011 电话:(010)57512500
发行部电话:(010)57512575
http://www.sinopec-press.com
E-mail:press@sinopec.com
中石油彩色印刷有限责任公司印刷
全国各地新华书店经销

*

787毫米×1092毫米 16开本 10.25印张 192千字
2013年5月第1版 2024年8月第5次印刷
定价:28.00元

# 前　言

本书是以培养化工操作工为目标，以“任务引领”的课程设计思路为原则，结合大量生活和生产实际的例子，结合化工仪表发展的最新技术，结合学生的认知能力和特点，而编写的有关自动化仪表系统的基础理论和应用技术教材。

本书以生产实际经验和理论知识为视角，详细论述了化工操作工需要了解和掌握的化工仪表理论知识和技能的三个层次内容。

第一层次：1. 知道各仪表的名称、作用和简单工作原理；2. 了解各种简单控制；3. 会进行正常的运行操作并知道操作注意事项。

第二层次：1. 熟悉和掌握各种(简单和复杂)控制过程及其工作原理；2. 会进行非正常(包括紧急开、停车)运行操作并知道操作注意事项；3. 会针对异常情况进行有关参数修改；4. 会对常见的仪表故障进行分析、判断和处理。

第三层次：1. 会对突发事件进行操作和处理；2. 会对仪表的疑难故障进行分析、判断和处理。

作者是以上述三个层次的内容和要求，对以往教材中的化工仪表系统性的理论知识内容进行了梳理，删除了部分纯理论及缺少实用价值的内容；简化了部分化工操作工只需要了解的内容；强化了部分实用性的内容。学生通过学习本教材，经过一定的实训，基本能达到一、二层次的要求；要达到第三层次，则还需要借助一些其他教材和培训。

在内容上，与以往教材相比，本教材有了大胆的突破和创新，以生活和生产实例，简洁和通俗的语言以及图文并茂的表达形式，尽量让学生容易理解和喜爱，力求体现“简洁、通俗、清晰、实用、新颖”的风格和思想。

全书包括绪论、八个单元和习题参考答案，由上海石化工业学校姜换强担任主编。姜换强参与了全书的编写，上海石化工业学校贝晓军参与了单元一的编写，吴连芳参与了单元二的编写，严小丽参与了单元三的编写，姚红参与了单元四和单元五的编写，张鹏参与了单元七的编写并制作了整套教材 PPT 电子授课课件，湖南化工职业技术学院匡芬芳担任了本书的主审。

上海石化工业学校沈晨阳、上海石化股份有限公司涤纶部陈玉连、中国石化出版社对本书的编写和出版给予了大力的支持和帮助，在此谨向他们及所有关心支持本书的朋友们致以衷心的感谢。

书中难免有不妥之处，恳请读者批评指正，使之日趋完善，成为一本好教材。

# 目　　录

# 绪　　论

**任务目标**

(1) 理解化工自动化的含义。

(2) 了解自动化的目的和发展史。

(3) 了解化工生产过程仪表的分类。

(4) 了解化工生产过程自动化的分类、特点。

(5) 了解自动化在日常生活中的应用。

自动化技术已广泛用于工业、农业、军事和家庭等方面。采用自动化技术不仅可以把人从繁重的体力劳动、部分脑力劳动以及恶劣、危险的工作环境中解放出来，而且能扩展人的器官功能，极大地提高劳动生产率，增强人类认识世界和改造世界的能力。

## 任务　认识自动化

### 1　生产过程自动化

用自动化技术工具代替人来自动操作和管理生产过程的方法，称为生产过程自动化。石油化工自动化是石油化工类生产过程的自动化。

化工生产过程自动化是一门综合性的技术学科。它利用自动控制学科、仪器仪表学科及计算机学科的理论与技术服务于化学工程学科。

### 2　自动化的目的

每一套现代化化工生产装置都有大量的压力、流量、物位和温度(四大参数)等工艺参数需要检测和控制，也只有借助于自动化技术工具才能有效进行，见图0.1。

实现石油化工生产过程自动化，是为了保证生产安全、稳定、长周期、满负荷、优质运行。

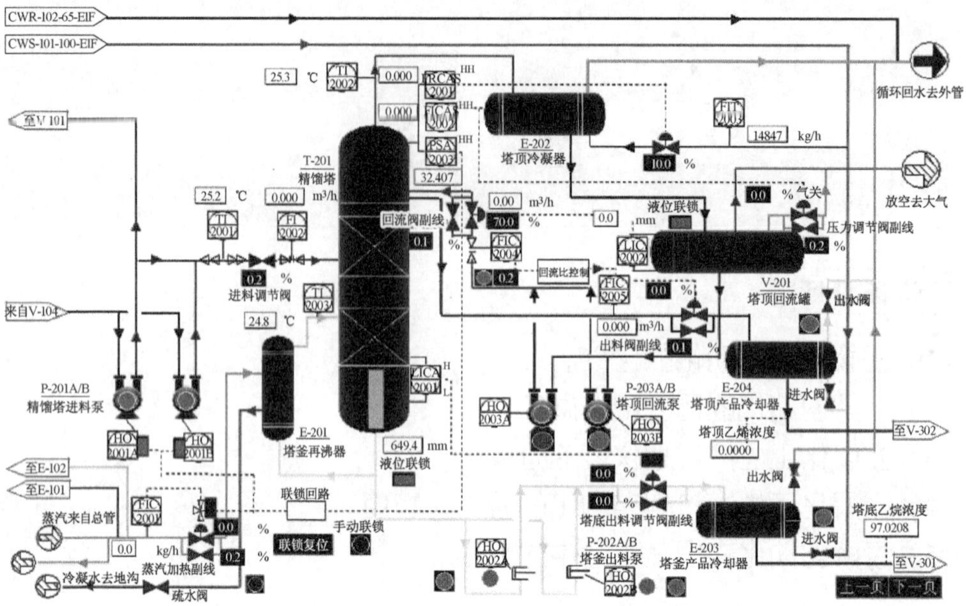


**图 0.1** 化工生产装置工艺控制流程图

## 3 自动化发展史

上世纪 40 年代至 50 年代

检测和控制仪表普遍采用基地式仪表和部分单元组合式仪表。

▶▶ 基地式仪表

如图 0.2 所示，这种仪表将测量、显示、调节等各部分都装在一个壳体内，使之成为不可分割的整体。

▶▶ 单元组合式仪表

如图 0.3 所示，它是根据自动化系统中各个组成环节的不同功能(测量变送、显示、调节)和使用要求，将整套仪表划分成能独立实现某种功能的若干单元，各单元之间用统一标准信号来联系。

**图 0.2** 基地式气动液位指示调节仪

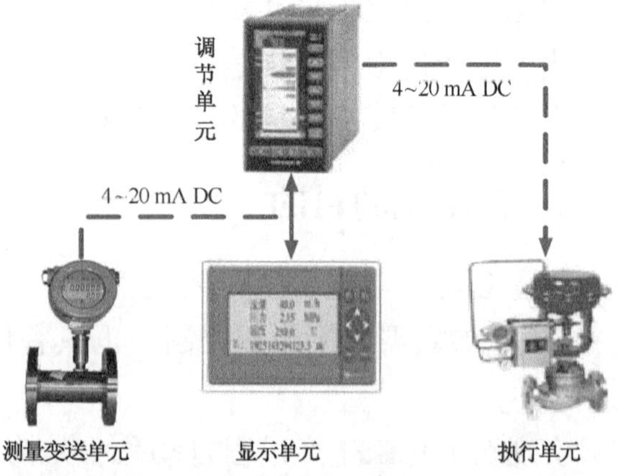


**图 0.3** DDZ－Ⅲ型电动单元组合式仪表之间连接图

◎ 60 年代至 70 年代

检测和控制仪表采用电动单元组合式(DDZ－Ⅰ、Ⅱ、Ⅲ型)仪表和气动单元组合式(QDZ－Ⅰ、Ⅱ、Ⅲ型)仪表；在这一阶段后期，又采用了工业控制计算机实现了直接数字控制(DDC)和设定值控制(SPC)。

◎ 70 年代中期至 90 年代中期

广泛采用集中分散型控制系统，简称集散控制系统 DCS。

如图 0.4 所示，DCS 是采用计算机技术的新一代仪表，是以微机为核心，在控制技术、计算机技术、数据通信技术以及图像显示技术迅速发展的基础上出现的一种新型控制系统。实现了在控制室对生产过程进行集中监视、操作、管理和生产现场的分散控制。

◎ 90 年代中期至今

开始逐渐采用现场总线控制系统(FCS)。

如图 0.5 所示，FCS 是继计算机技术、网络技术和通讯技术得到迅猛发展后，与自动控制技术和系统进一步相结合的产物。

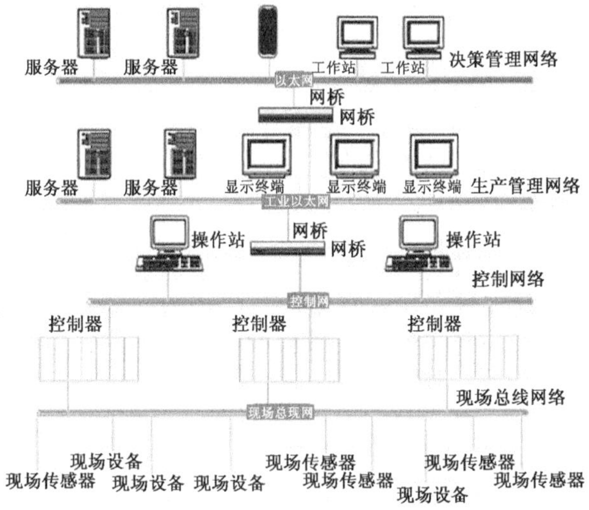


图 0.4　集散控制系统结构图

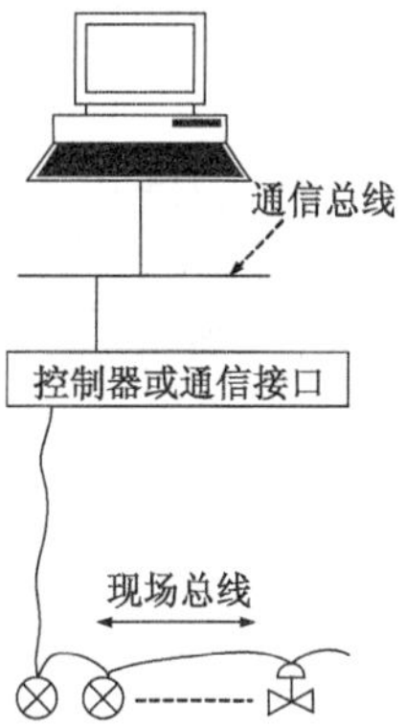


图 0.5　现场总线控制系统结构图

## 4　石油化工生产过程仪表按用途分类

» 检测仪表

它们是获取工艺参数信息的工具。

» 显示仪表

它是将检测元件和变送器获取的信息反映给操作人员和管理人员的工具。

» 转换和传输仪表

这类仪表是传递信息的工具。

▶▶ 调节控制仪表

它是将检测仪表和转换传输仪表的信息和操作人员输入的信息进行处理并发出控制指令的工具。

▶▶ 执行器

它是接受调节控制仪表的指令或直接来自操作人员的指令，对生产过程进行操作或控制的工具。包括各种控制阀、变频器、继电器、可控硅及开关等。

各类仪表之间的关系如图 0.6 所示。

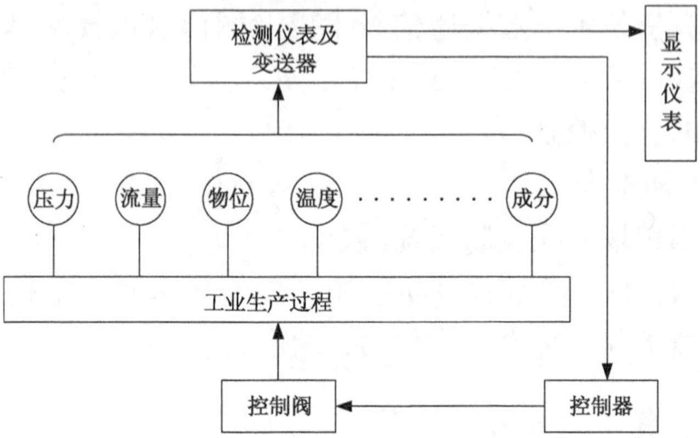


图 0.6 各类仪表之间的关系

## 5 石油化工生产过程自动化的分类(图 0.7)

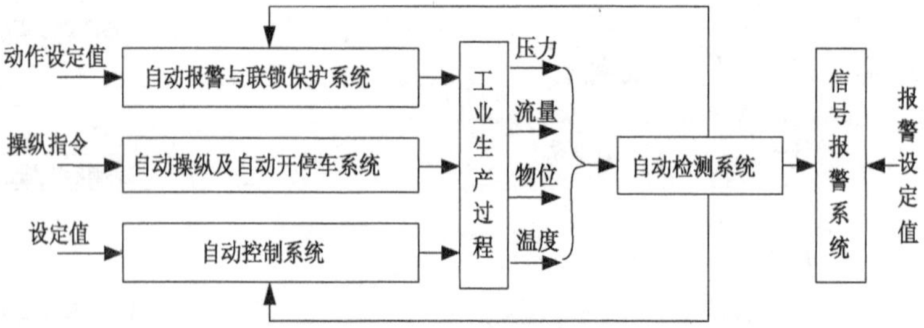


图 0.7 自动化系统的种类

自动检测系统

是利用各种检测仪表对主要工艺参数自动进行测量、指示和记录的系统，见图 0.8。

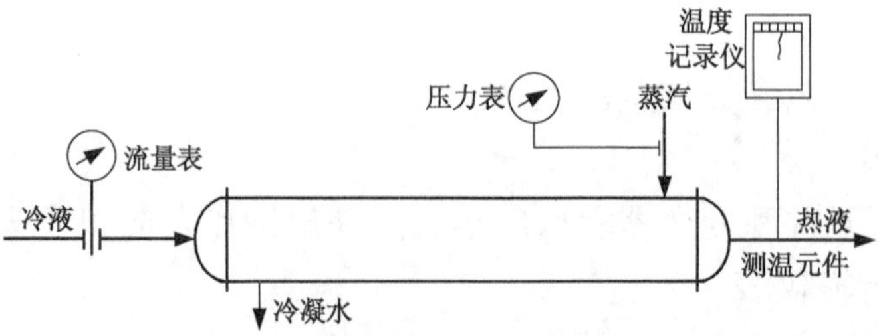


图 0.8 热交换器自动检测系统示意图

### 自动信号报警和联锁保护系统

在生产过程中，对某些关键性工艺参数设有自动信号报警和联锁保护装置，当工艺参数到达危险状态时，系统能自动进行信号报警和联锁，以保证生产安全正常进行。图 0.9 为反应器超压自动信号报警和联锁保护。

### 自动操纵及自动开停车系统

按事先设计和预定的步骤进行自动生产控制的系统。

图 0.10 为料仓粉末物料气送装置。用氮气输送物料，气送罐 A、B 两罐交替卸料和送料，其进出二位控制阀受 PLC 可编程序控制器自动操纵控制，交替开关工作。

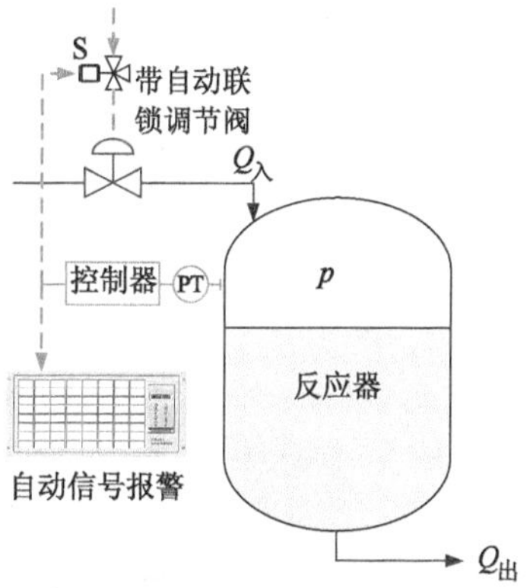


图 0.9 反应器超压自动信号报警和联锁保护

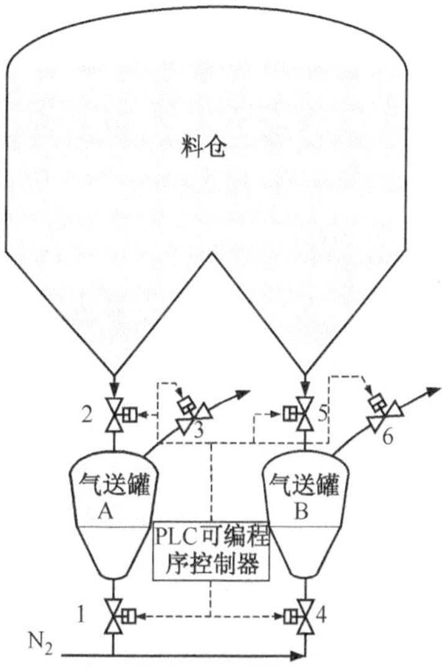


图 0.10 料仓粉末物料气送装置

1～6—二位控制阀

### 自动控制系统

使工艺参数始终保持在预先规定的数值上，保证生产维持在正常或最佳的工艺操作状态的系统。该系统主要是按偏差来进行控制的（前馈控制除外），见图 0.11。

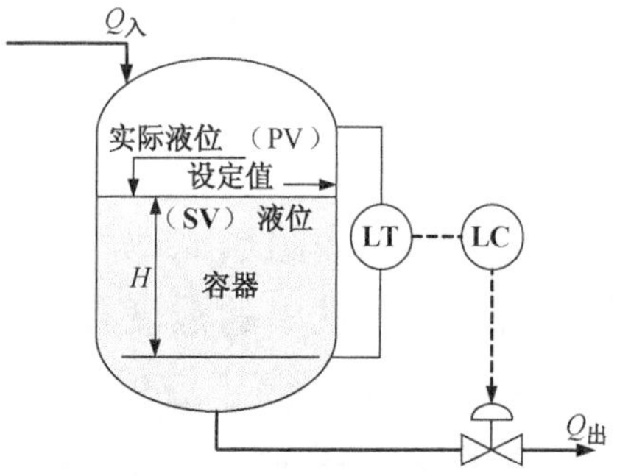


图 0.11 容器液位自动控制

**比较与总结：**

自动检测系统只能完成“了解”生产过程进行情况的任务；自动信号报警和联锁保护系统只能在工艺条件进入某种极限状态时，采取安全措施，以免发生生产事故；自动操纵及自动开停车系统只能按照预先规定好的步骤进行某种周期性操纵；只有自动控制系统才能自动地排除各种干扰因素对工艺参数的影响，使它们始终保持在预先规定的数值上，保证生产维持在正常或最佳的工艺操作状态。因此，自动控制系统是自动化生产中的核心部分。

## 6　自动化在日常生活中的应用

如今，在日常生活中几乎处处都可见到自动化的存在，如各种温度调节、自动洗衣机、自动电梯等。它们都在一定程度上代替或增强了人类身体器官的功能，提高了生活质量。

属于自动操纵系统有：

▸▸ 全自动洗衣机

全自动洗衣机是按照事先设定好的几个步骤进行工作的，但它的控制过程比较复杂，一个大周期中又包含了几个基本相同的小周期。完整的洗衣机控制系统还包括进水控制、出水控制、平衡控制等。

▸▸ 电饭煲

电饭煲是温度控制，以温度作为条件转换，进入下一操作步骤。高级电饭煲的设定温度可以按人工设定的程序自动变化。

**想一想？**

电梯、自动门、自动路灯、自动洁具是如何工作的，属于哪一类控制？

属于自动控制系统有：

▸▸ 空调

空调是一个典型的温度自动控制系统，它能使室温保持在恒定范围。室温采用空调进行控制时，温度变化曲线如图 0.12 所示。

实现这种温度调节功能的是空调机中的温度控制系统。温度计(眼睛)用来测量室温；控制器(大脑)判断室温是否高于或低于用户设定的温度；切换开关(手)控制加热、制冷装置；最后是被控制的对象(房间)，即房间的温度得到调控。这就是一个完整的自动控制系统的四个基本组成部分。

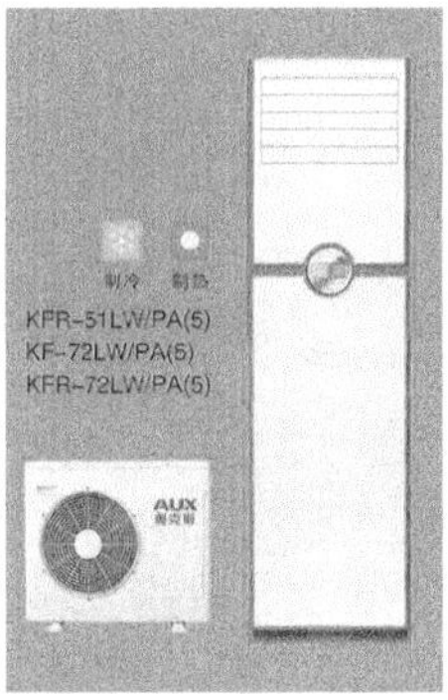


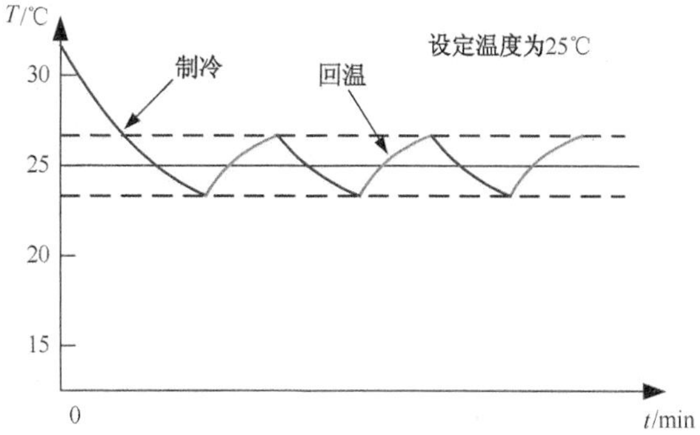


**图 0.12　室温调节过程温度曲线**

▸▸ 电冰箱

电冰箱相当于一个“小房间”的温度自动控制系统。

▸▸ 抽水马桶水箱

抽水马桶水箱的液位控制是一个典型的液位自动控制系统，它能使水箱的液位保持在恒定的高度。

## 练一练

1. 什么是石油化工生产过程自动化？
2. 自动化的目的是什么？
3. 石油化工生产过程仪表是如何分类的？
4. 石油化工生产过程自动化包括哪些内容？

# 单元一　检测仪表

**单元目标**

（1）了解化工检测仪表在自动控制系统中的地位和作用。

（2）理解压力、流量、物位和温度的基本概念。

（3）掌握常用化工检测仪表的名称、工作原理和特点。

（4）了解智能型变送器和质量流量计的工作原理和特点。

（5）了解一体化温度变送器工作原理和特点。

检测就是获得信息的过程。工业上用来检测生产中各种有关参数的技术工具称为检测仪表，检测仪表是工业生产的眼睛，是自动控制系统的基础。根据被测参数的不同，常见的化工检测仪表有压力检测仪表、流量检测仪表、物位检测仪表和温度检测仪表等。

## 任务一　认识压力检测仪表

### 1　压力检测的基本概念

#### 1.1　压力的定义

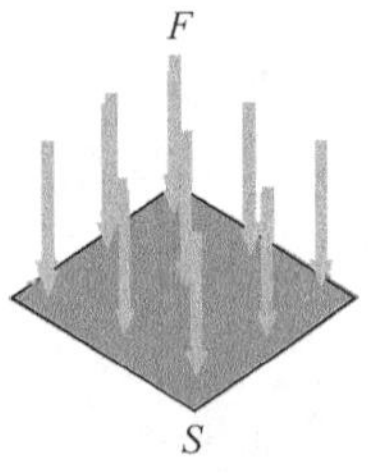


压力($p$)是指垂直作用在单位面积上的力，这里所指的压力在物理上是压强的概念。

$$p = F/S$$

#### 1.2　压力的常用单位

- 压力的国际标准单位为帕斯卡，简称帕(Pa)，帕(Pa)所表示的压力单位很小，工程上经常使用兆帕(MPa)和千帕(kPa)，$1\text{MPa} = 10^3\text{kPa} = 10^6\text{Pa}$；
- 工程上又习惯使用每平方厘米公斤力($\text{kgf/cm}^2$)。

二者关系：

$$1\text{MPa} = 10.2\text{kgf/cm}^2 \approx 10\text{kgf/cm}^2$$

#### 1.3　各种压力的关系

在压力测量中，通常有绝对压力、大气压、表压(正压)、真空度(负压)这些名词，它们之间的关系如图 1.1 所示。

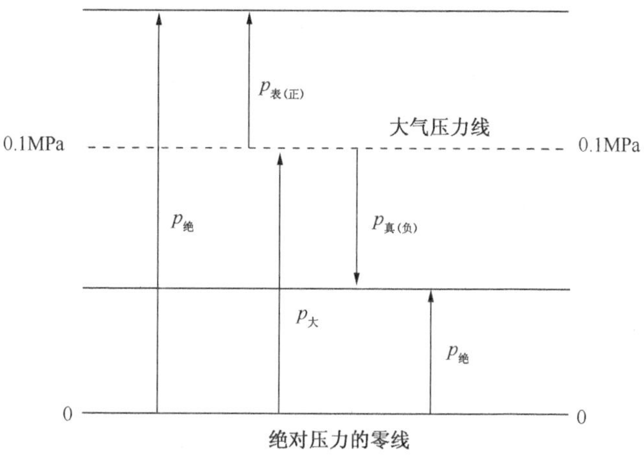


**图 1.1　各种压力关系示意图**

关系式：

$$p_{表}=p_{绝}-p_{大} \qquad p_{真}=p_{大}-p_{绝}$$

由于各种工艺设备和检测仪表都处于大气中，本身就承受着大气压力，所以工程上习惯采用表压或真空度来表示压力的大小。而被测介质所受的实际压力是指绝对压力。

### 1.4　压力的等级划分

- 常压：$0\leqslant p<0.1$MPa。
- 低压：0.1MPa$\leqslant p<$1.6MPa。
- 中压：1.6MPa$\leqslant p<$10MPa。
- 高压：10MPa$\leqslant p<$100MPa。
- 超高压：$p\geqslant$100MPa。

## 2　压力检测仪表

检测压力的仪表称为压力表或压力变送器。根据使用要求的不同，压力检测仪表可具有指示、报警、远传等各种功能。压力检测仪表的品种、规格很多，可根据生产需要加以选择。比如，测氨介质时需要采用不锈钢弹簧管压力表，测量氧气压力时；则压力表严禁沾有油脂，否则有爆炸危险。

变送器的作用是将检测元件得到的非标准信号转换成统一标准信号(4～20mA DC)送往显示仪表或控制仪表进行显示、记录或控制。生产过程中需要测量的参数种类繁多，因此相应的有许多种变送器。比如测量压力的称为压力变送器，根据不同的工作原理，又有不同的压力变送器。

## 2.1 直通弹簧管压力表(图 1.2)

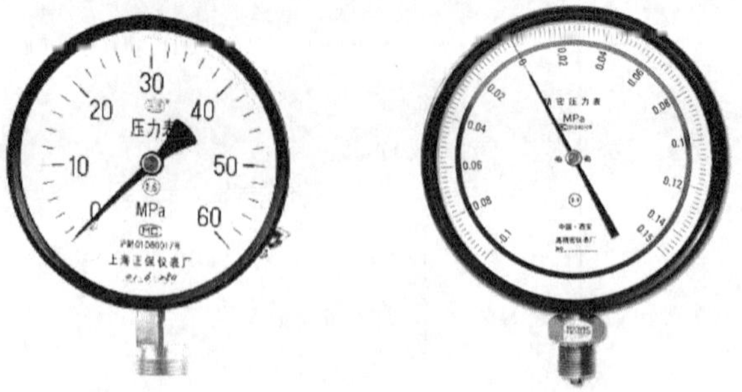

直通弹簧管压力表　　　　直通弹簧管真空压力表

图 1.2

### 2.1.1 结构和工作原理

弹簧管压力表的结构如图 1.3 所示。其中，弹簧管是一根弯成 270°圆弧的扁圆截面的空心金属管子，一端(A 端)固定，当通入被测压力后，其自由端(B 端)产生微小的角位移，压力 $p$ 越大位移也越大，该位移信号通过齿轮传动机构放大，由指针在面板上指示出被测压力的大小。

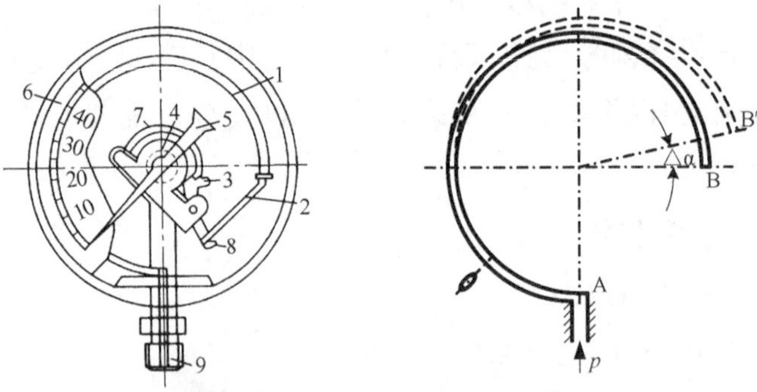


图 1.3　弹簧管压力表结构图示意图

1—弹簧管；2—拉杆；3—扇形齿轮；4—中心齿轮；
5—指针；6—面板；7—游丝；8—调节螺钉；9—接头

直通弹簧管压力表结构组成及作用如表 1.1 所示。

**表 1.1　结构组成及作用**

| 组　成 | 部　件 | 作　用 |
|---|---|---|
| 测量部分 | 弹簧管 | 将 $p\rightarrow\Delta\alpha$(压力转换成角位移) |
| 传送部分 | 齿轮传动机构(拉杆、扇齿轮和中心齿轮) | 传送放大位移 |
| 显示部分 | 指针和分度盘 | 显示压力 |

工作原理是弹性元件受压变形，即压力信号转换成弹簧管的角位移。

$$p\rightarrow\Delta\alpha$$

### 2.1.2 特点

- 结构简单，价格低廉。
- 测量范围宽，可测量从负压到最大正压 160MPa。

▸▸ 用于较干净的气液介质压力的测量。

**想一想?**

1. 弹簧管压力可以测表压(正压),也可以测真空度(负压)吗?
2. 普通弹簧管压力表能测量带有杂质介质的压力吗?为什么?

## 2.2 隔膜式弹簧管压力表

当被测介质具有腐蚀性、易凝固或带有杂质时,直接进入弹簧管内腔进行压力检测会损坏测压元件并导致测压不准确,为避免该问题的出现,可改进普通压力表结构,在普通弹簧管压力表基础上增加一个隔离膜片。当用于易凝固介质的压力测量时,需伴热和保温。

### 2.2.1 结构和工作原理

如图 1.4(b)所示,弹簧管内腔与隔膜间充满了硅油,当被测压力作用于隔膜时,隔膜受压变形,硅油传递压力,使弹簧管自由端产生一个相应的微小位移,经传动放大机构放大并带动指针指示出压力的大小。

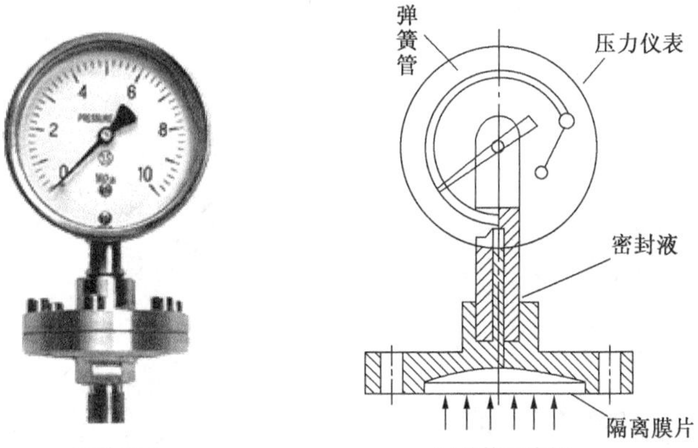


(a)外形　(b)结构示意图

图 1.4　隔膜式弹簧管压力表及结构示意图

工作原理是弹性元件受压变形,即压力信号转换成弹簧管角位移。

$$p \rightarrow \Delta\alpha$$

**想一想?**

隔膜有什么作用?

### 2.2.2 特点

▸▸ 可用于所有气液介质的压力测量。

▸▸ 测量范围宽,最大正压达 160MPa。

**想一想？**

1. 隔膜式压力表适用于________、________、________介质的测量。
2. 隔膜内为什么要充硅油？是否可以充水？（提示：从环境温度上考虑）

## 2.3 电接点式弹簧管压力表

实际生产中，常常需要把压力控制在一定的范围内，以保证生产安全正常地进行。电接点压力表能够简便地在压力偏离给定范围时发出报警信号，提醒操作人员注意，同时可以输出开关量信号进行压力控制。

### 2.3.1 结构和工作原理

如图1.5(b)所示，压力表中动触点指针用于指示被测介质的压力，两根静触点指针可根据生产需要灵活设置压力范围，当压力超过上限值时，动触点指针与上限指针接触，上限报警电路导通，红灯亮，上限报警；当压力低于下限值时，动触点指针和下限指针接触，绿灯亮，下限报警。

### 2.3.2 特点

- 测量范围宽，可测量从负压到最大正压160MPa；
- 用于较干净的气液介质压力测量；
- 有上下限报警功能。

(a) 外形

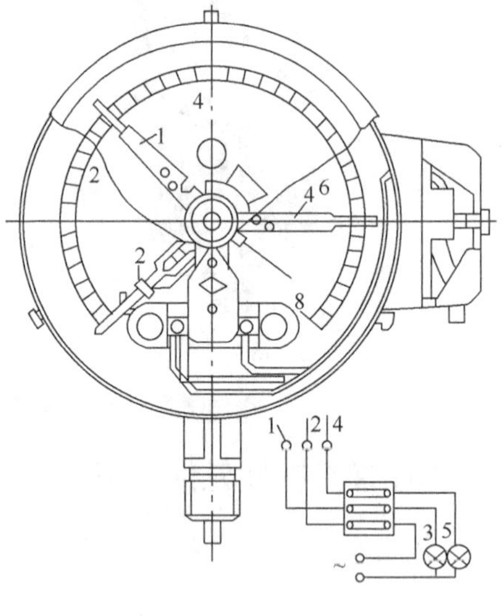


(b) 结构

**图1.5 电接点式弹簧管压力表及结构示意图**

1，4—静触点；2—动触点；3—绿灯；5—红灯

**想一想？**

电接点式压力表与普通弹簧管压力表结构上有什么不同之处？

## 2.4 电容式压力变送器(图 1.6)

电容式差压变送器，可测量介质的压力、流量(与节流装置配合使用)和液位，用于测量压力时，称之为电容式压力变送器。也有只测各种压力的单电容式压力变送器。

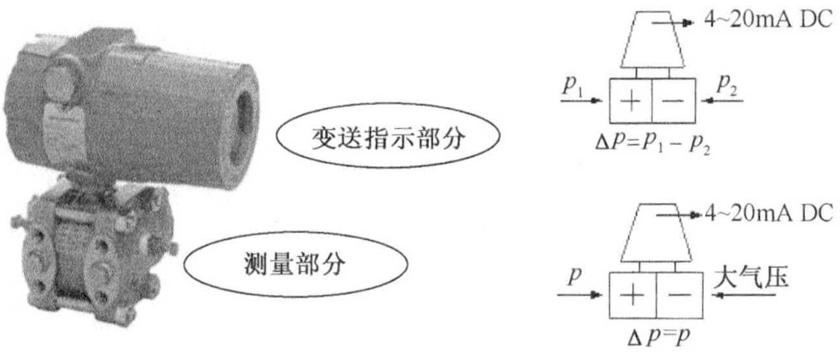


图 1.6 电容式差压变送器和电容式差压变送器符号

### 2.4.1 结构和工作原理

电容式压力变送器由两部分组成:

测量部分

电容组件，其作用是把压力信号转换成电容值的变化。

$$p\rightarrow\Delta C$$

变送部分

电子转换电路，其作用是把电容值的变化转换成 4 ~ 20mA DC 标准信号输出。

$$\Delta C\rightarrow 4\sim 20\text{mA DC}$$

原理分析：如图 1.7 所示，可动电极与两侧固定电极，分别形成电容 $C_1$ 和 $C_2$，$C_1$ 和 $C_2$ 电容值的大小由可动电极与固定电极的间距决定。当可动电极受力变形($p_1\neq p_2$时)，引起了电容间距的改变，从而使电容 $C_1$ 和 $C_2$ 的值发生变化，只要测出电容的微小变化就可测出压力的大小。

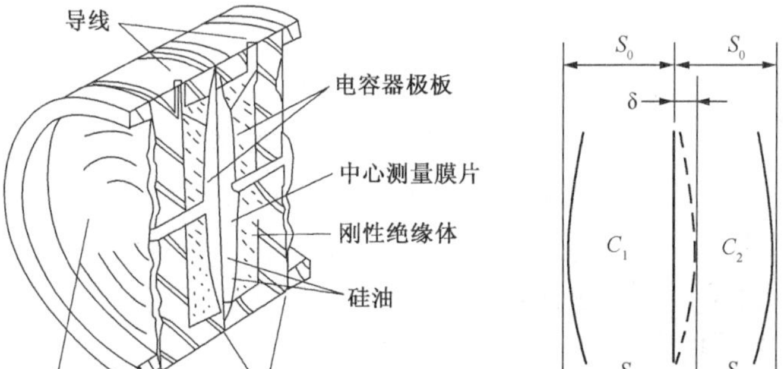


图 1.7 电容式差压变送器工作原理图

### 2.4.2 特点

- 有现场压力指示，且有4~20mA DC电信号远传。
- 测量精度高、可靠性高。
- 电容式差压变送器只能测低压(中心膜片只能承受较低压差)。
- 单电容式压力变送器可以测几乎所有压力。

**想一想？**

1. 变送器的作用是把________转换成________。

2. 电容式差压变送器的检测元件是________，测压力时以________作为参考压力。

**内容拓展**

### 2.5 智能扩散硅压力变送器(图1.8)

智能式变送器是在普通模拟式变送器的基础上，增加微处理器CPU而形成的一种智能式检测仪表。按照被检测变量的不同，分为智能压力变送器、智能差压变送器、智能温度变送器等。

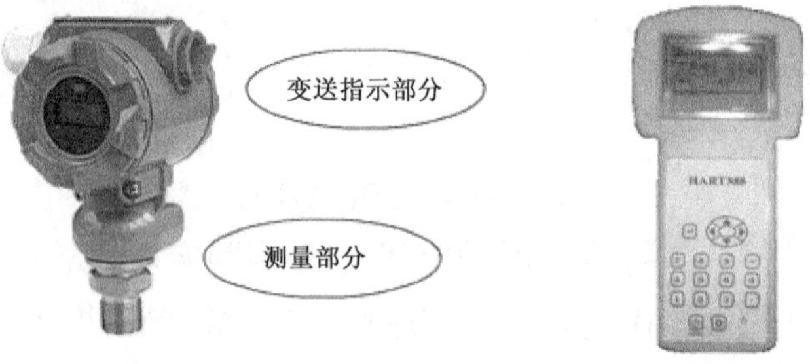


智能扩散硅压力变送器　　手持通信器

图1.8

智能变送器测量精确，灵敏度高，稳定性好，由于电路中带有微处理器CPU，具有极强的运算和存储功能，既可输出模拟信号，也可输出数字信号，便于与计算机系统连接，实现生产自动化控制。

智能变送器配有手持通信器，它可以接在现场变送器的信号端子上，就地设置和检测，也可以在远离现场的控制室，接在某个智能变送器的信号线上进行远程设置和检测。

手持通信器能够实现下列功能：

- 组态(使用功能的编程)；
- 测量范围的变更；
- 变送器的校准(零位和量程等)；
- 自诊断(硬件和软件)。

2.5.1　结构和工作原理

结构组成：

测量部分

扩散硅压力传感器，其作用是把压力信号转换成电阻值的变化。

$$p \rightarrow \Delta R$$

变送部分

电子转换电路，其作用是把电阻值的变化转换成标准信号 4～20mA DC 输出。

$$\Delta R \rightarrow 4 \sim 20\text{mA DC}$$

原理分析：如图 1.9 所示，在硅杯的膜片上共由四个扩散电阻连接成电桥形式，当硅杯受到压力作用时，扩散电阻也同时受力，其阻值发生变化，受力越大，电阻值变化越大，通过电桥测出电阻值的变化，就可测出压力的大小。

2.5.2　特点

- 有现场压力指示，且有 4～20mA DC 电信号远传，可以是模拟电信号，也可以是数字电信号，便于与计算机系统连接。
- 精度高、可靠性好。
- 量程比范围广，可达 100∶1，有较宽的零点迁移范围。
- 具有自修正、自补偿、自诊断等功能，调试方便。
- 能测低、中、高压。

## 2.6　金属冷凝盘管的作用(图 1.10)

- 利用盘管产生冷凝液隔热，提高测量精度(用于蒸汽、高温设备)。
- 压力缓冲。

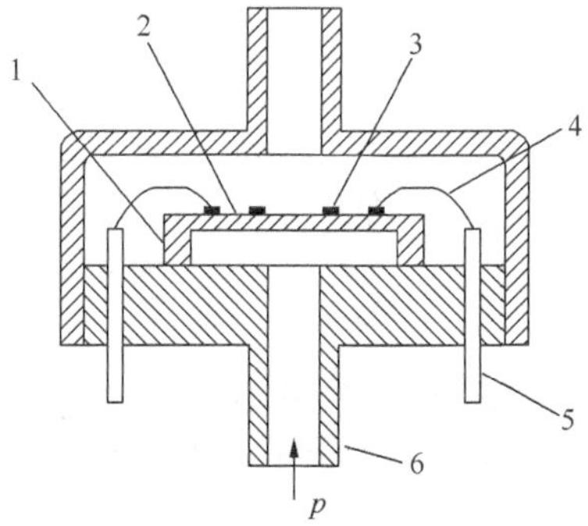

图 1.9　扩散硅压力变送器原理图

1—硅杯；2—膜片；3—扩散电阻；4—内部引线；5—引线端；6—压力接管

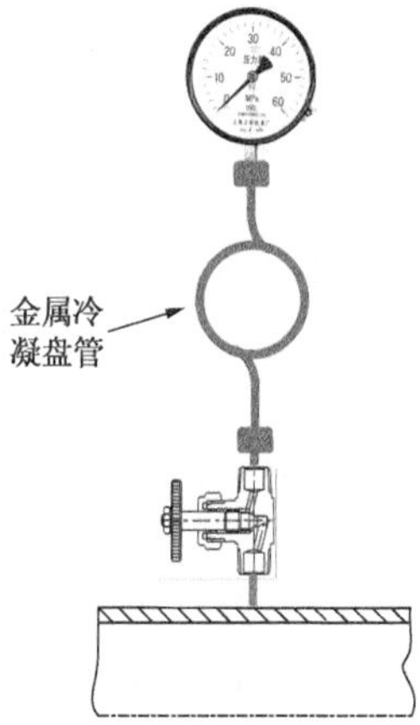

图 1.10

### 2.7 压力测量符号

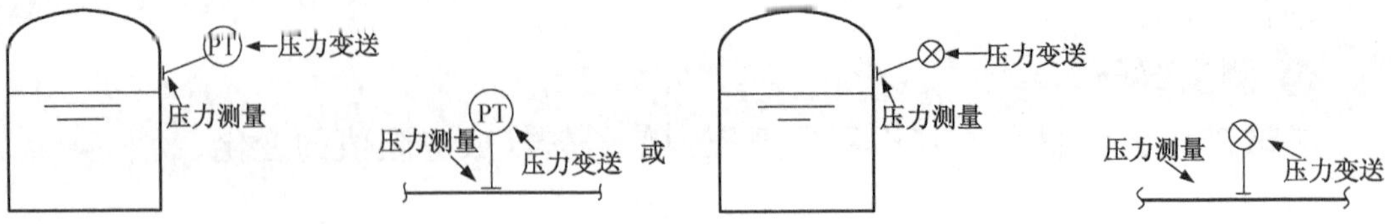


⊗：表示变送器　PT：压力变送器

**想一想？**

1. 智能扩散硅压力变送器的检测元件是________，工作原理是________。
2. 为什么称这种变送器为智能变送器？
3. 智能型变送器既能输出模拟信号又能输出数字信号的好处是什么？

## 任务二　认识流量检测仪表

## 1　流量检测的基本概念

### 1.1　流量和总量的定义

流量是指单位时间内流过管道某一截面的流体的体积或质量，也称瞬时流量。

$$Q = vA$$

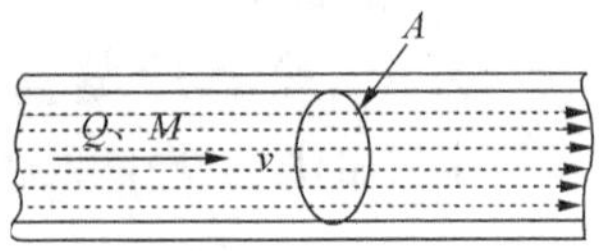


式中　$v$——流体的流速；

　　$A$——流通面积。

流量有体积流量 $Q$ 和质量流量 $M$ 两种表示方式。二者关系：

$$M = \rho Q$$

式中　$\rho$——流体介质的密度。

**特别提醒**

- 如果流体介质是液体，密度 $\rho_{液}$ 几乎不随温度和压力的变化而变化。
- 如果流体介质是气体，密度 $\rho_{气}$ 随温度和压力的变化而变化很大。

流量在某一段时间内的累计值称为总量，也称累积量。

总量也有体积总量 $Q_{总}$ 和质量总量 $M_{总}$ 两种，总量等于平均流量乘以时间。

$$Q_{总} = Q_{平} t \qquad M_{总} = M_{平} t$$

### 1.2　流量和总量的常用单位

体积流量 $Q$ 单位有：$m^3/h$、$m^3/min$、L/min、L/s 等。

质量流量 $M$ 单位有：t/h、t/min、kg/min、kg/s 等。

体积总量 $Q_{总}$单位有：$m^3$、L 等。

质量总量 $M_{总}$单位有：t、kg 等。

## 2 流量检测仪表

在工业生产过程中，为了有效地指导生产操作、监视和控制生产过程，常常需要检测各种流动介质的流量。不仅化工生产中需要对流量进行检测，我们日常的生活中也经常会遇到流量检测的问题，比如家家户户使用的水表等。

旋翼式水表(图 1.11)内有一个可旋转的旋翼叶轮，被测流体流过旋翼叶轮，带动叶轮旋转，流量越大，叶轮旋转得越快，通过测量叶轮的转速，就测出了流量的大小。实测为流体的体积总量。

目前全世界已有上百种流量检测方法，其中十多种是工业生产中常用的。流量检测仪表通常测量的是体积流量，质量流量计使用较少，下面介绍几种化工生产中常用的流量计。

**图 1.11** 旋翼式水表

**说 明**

我们通常称谓的流量计大多带有变送器，而不称流量变送器。

### 2.1 差压式流量计

如图 1.12 所示，差压式流量计(也称节流式流量计)是应用最广泛、最成熟的一种体积流量测量仪表。它是由节流装置(能将被测流量转换成差压信号，包括节流元件和取压装置)、导压管和差压变送器及显示仪表组成。

#### 2.1.1 结构和工作原理

如图 1.13 所示，差压式流量计是一个组合体，当流体流过节流元件时，在节流元件前后产生压力差，流量越大，差压信号越大，导压管将差压信号送到

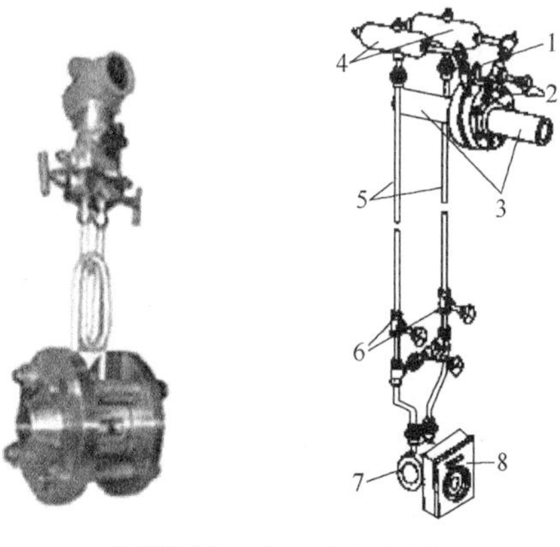



**图 1.12** 差压式流量计

1—节流元件；2—次阀；3—直管段；4—集气罐；
5—导压管；6—三阀组；7—差压变送器；8—显示仪表

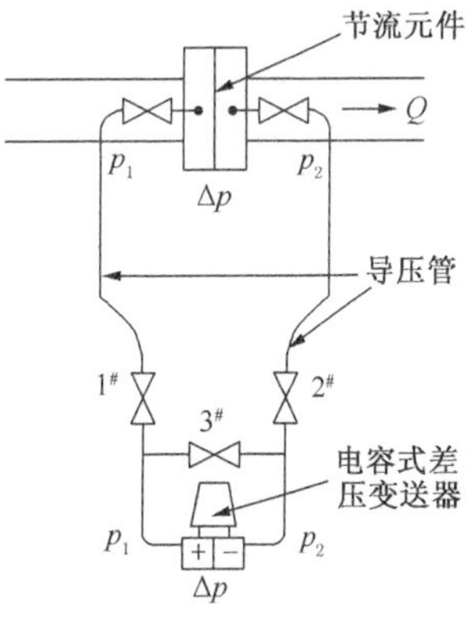



**图 1.13** 差压式流量计工作原理图

差压变送器(大多采用电容式差压变送器)中，差压变送器将压差信号转换成4～20mA DC标准信号远传到控制室，以供显示、记录或控制用。

差压信号：$\Delta p = p_1 - p_2$，$p_1 > p_2$。

节流装置的作用

流量转换成差压的平方根即，$Q \to \sqrt{\Delta p}$。

电容式差压变送器的作用

差压转换成标准信号即，$\Delta p \to 4 \sim 20$mA DC。

2.1.2 特点

- 有现场流量指示，且有4～20mA DC电信号远传。
- 便于制造、可靠性高、使用寿命长。
- 应用广泛，通过选用不同节流元件，几乎能测量各种工况下的介质流量，特别适合中、大流量的测量(管道尺寸在 *DN*50～1000)。

2.1.3 标准化的节流元件

标准化的节流元件有孔板、喷嘴和文丘里管(图1.14)。三种元件的特点比较见表1.2。

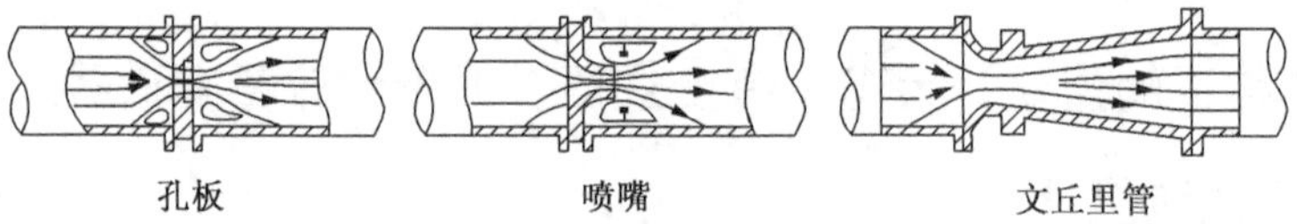


图1.14 标准节流元件

表1.2 三种标准节流元件比较

| 名称 | 特点 |
| --- | --- |
| 孔板 | 结构简单，可适用于高温、高压，易腐蚀磨损，压损较大、测量精度较低 |
| 喷嘴 | 可适用于高温、高压，腐蚀磨损较小、压损较小、测量精度较高 |
| 文丘里管 | 结构最复杂，造价高，只适用于低压，腐蚀磨损小、压损小、测量精度高，适用于浆料介质 |

2.1.4 电容式差压变送器的操作

电容式差压变送器测量介质的差压，为了防止变送器单向受压过大损坏仪表，必须正确使用三阀组。

**特别提醒**

电容式差压变送器的投运、停运操作方法：

投运

应先开3#平衡阀(图1.15)，使正、负压室连通，受压相同。再打开1#、2#切断阀，最后关闭3#平衡阀，电容式差压变送器即可投入运行。

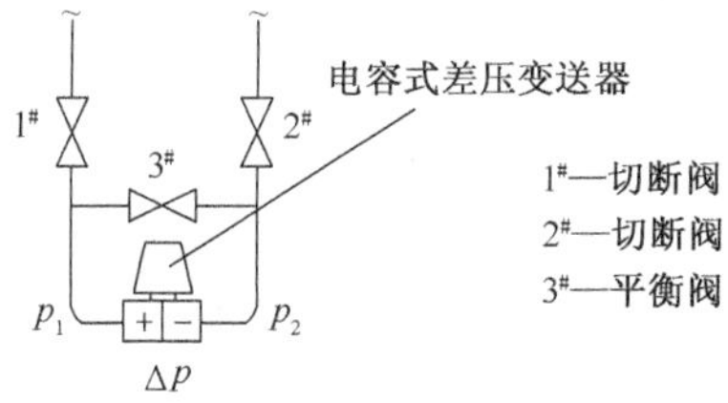

图 1.15　电容式差压变送器操作示意图及一体式三阀组实物图

**停运**

应先开 $3^{\#}$ 平衡阀，然后再关闭 $1^{\#}$、$2^{\#}$ 切断阀。

**想一想？**

1. 差压式流量计主要由________和________两部分组成，各部分的作用是什么？

2. 节流装置由________和________组成。

## 2.2　转子流量计

转子流量计有玻璃管转子流量计和金属管转子流量计两种形式(图 1.16)，前者是就地指示型，后者可制成流量变送器用于信号远传。转子流量计使用广泛，用于测量较小的体积流量。

### 2.2.1　结构和工作原理

如图 1.17 所示，转子流量计主要由一段截面积向上逐渐扩大的圆锥形管子和在锥形管内可自由上下运动的转子构成。当流体自下而上流动时，转子受到流体的冲击向上运动，随着转子的上移，转子与锥形管之间的环流通面积增大，当流体作用在转子上的向上推力与转子的自身重力相平衡时，转子就停留在锥形管的某一高度，根据转子流量计出厂刻度标定读出该高度下的具体流量值。

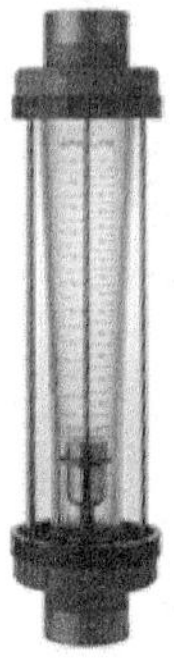

玻璃管转子流量计

金属管转子流量计

图 1.16

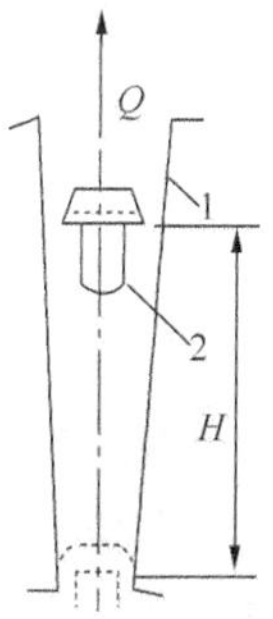


图 1.17　转子流量计工作原理示意图

1—链形管；2—转子

金属管转子流量计内的转子带有磁性，靠磁力带动指针构件运动指示读数。工作原理是流量转换成转子的平衡高度，即 $Q \to H$。

2.2.2 特点

- 结构简单直观，金属管转子流量计可带有 4 ~20mA DC 电信号远传。
- 用于较小流量，较干净的气、液介质的流量测量。
- 玻璃管转子流量计只能用于低压介质($p \leq 0.6$MPa)的流量测量。

2.2.3 使用注意要点

**特别提醒**

- 在使用转子流量计时，测量介质的正常流量最好选在仪表上限刻度的 1/3 ~1/2 范围内。
- 开启仪表的阀门时，不可一下用力过猛、过急。
- 当金属管转子流量计内的转子因流体冲力过猛而卡在上部时，可用木锤适当敲击金属管使之振落下来，如果不行，则必须拆法兰把转子顶下来。

**想一想？**

1. 转子流量计的工作原理是____________________。
2. 转子流量计能否横向水平安装？
3. 若被测介质密度发生变化，所测流量值还准确吗？

## 2.3 电磁流量计

电磁流量计(图 1.18)是根据电磁感应原理测量介质流量的，具有导电性的液体介质流量一般都可以测量，应用较广泛。

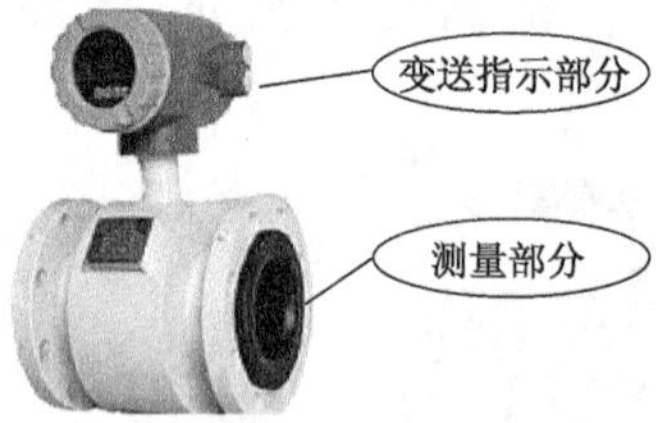


图 1.18 电磁式流量计

2.3.1 结构和工作原理

电磁流量计结构组成主要包括测量部分和变送部分。

测量部分

电磁测量管，其作用是把介质流量的大小转换成感应电动势的大小。

$$Q \to E$$

### 变送部分

电子转换电路，其作用是把感应电动势转换成标准信号(4 ~ 20mA DC)输出。

$$E \rightarrow 4 \sim 20\text{mA DC}$$

原理分析：如图 1.19 所示，被测介质(导电的介质)沿测量管流动垂直切割磁力线，产生感应电动势，检测出的感应电动势的大小经由变送环节转换成4 ~ 20mA DC 的标准信号输出，感应电动势的大小对应被测介质流量的大小。

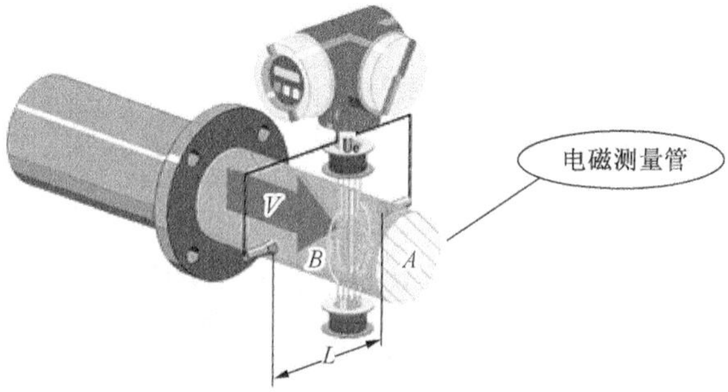


**图 1.19　电磁流量计工作原理图**

*V*—介质的流速；*B*—磁感应强度；*A*—流通截面积

### 2.3.2　特点

- 有现场流量指示，且有 4 ~ 20mA DC 电信号远传。
- 测量管内无检测部件，因此几乎无压力损失。
- 几乎所有的导电介质都能测量。
- 测量范围广，各范围内流量均能测量。
- 测量精度高、可靠性高。

**想一想？**

1. 电磁流量计对被测介质有何特殊要求？能否测量气体、蒸汽和非导电液体的流量？
2. 电磁流量计能否测量污水的流量？
3. 电磁流量计如果安装在大功率电机或变压器附近，测量时会有什么影响？

## 2.4　涡街流量计

涡街流量计(图 1.20)是典型的漩涡式流量计，应用流体自然振荡原理工作，可以测量各种管道中的液体、气体、蒸汽的瞬时流量和累计流量。

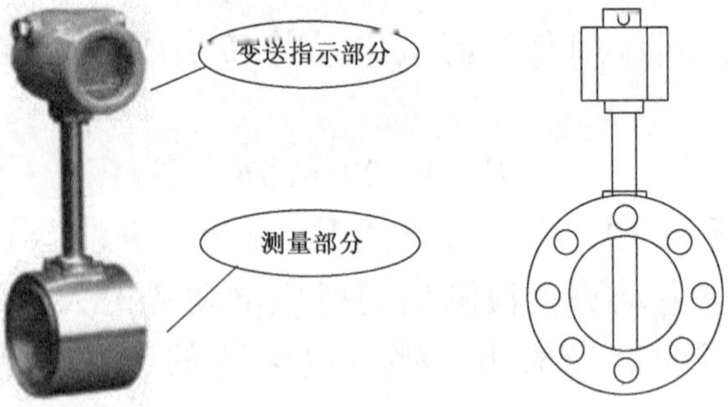


图 1.20 涡街流量计及侧面示意图

### 2.4.1 结构和工作原理

涡街流量计主要由两部分组成：

**测量部分**

漩涡发生体，其作用是把介质流量的大小转换成漩涡频率的大小。

$$Q \to f$$

**变送部分**

电子转换电路，其作用是把漩涡的频率大小转换成标准信号(4～20mA DC)输出。

$$f \to 4 \sim 20\text{mA DC}$$

原理分析：如图 1.21 所示，将一个漩涡发生体(也是漩涡接受体)垂直插在管道中，当流体经过漩涡发生体时，会在其左右两侧后方交替产生漩涡，形成涡列，流量越大，漩涡频率越大，只要测出漩涡的频率大小就可得到流体的流量大小。

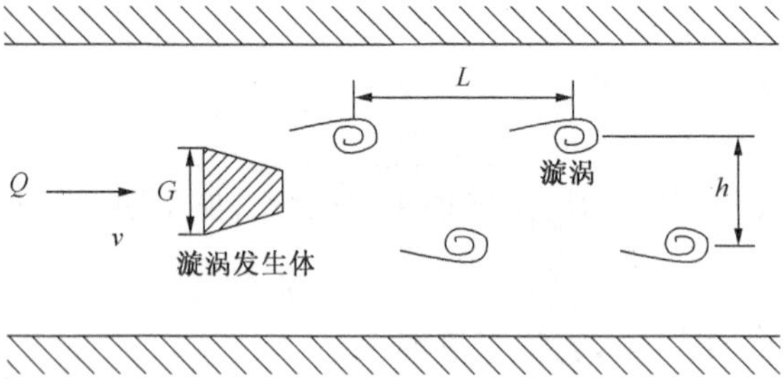


图 1.21 漩涡发生原理示意图

### 2.4.2 特点

- 有现场流量指示，且有 4～20mA DC 电信号远传。
- 仪表内无活动部件，允许被测介质带有少量杂质。
- 使用寿命长，可靠性高、精度高。

**想一想？**

1. 涡街流量变送器工作原理是________，为什么称其“涡街”？
2. 从原理图中找一找检测元件是哪个？

## 2.5 涡轮流量计

涡轮流量计(图1.22)是一种速度式流量仪表，由于其具有测量精度高，反应速度快，测量范围较广，价格低廉，安装方便等优点，因此可用在化工生产中的特殊场合。

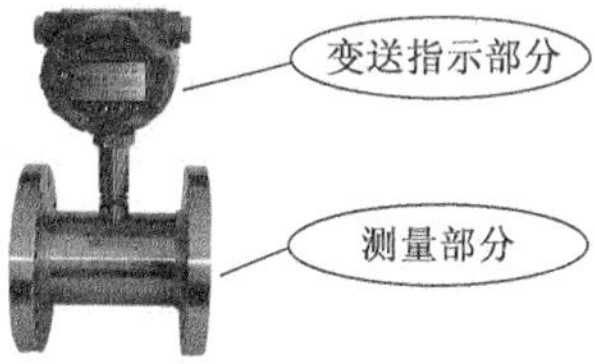


图1.22 涡轮流量变送器

### 2.5.1 结构和工作原理

结构组成：

- 测量部分

涡轮组件，其作用是将介质流量的大小转换成涡轮转速的大小。

$$Q \rightarrow n$$

- 变送部分

电子转换电路，其作用是把涡轮的转速大小转换成标准信号(4～20mA DC)输出。

$$n \rightarrow 4\sim20\text{mA DC}$$

原理分析：如图1.23所示，被测流体冲击涡轮叶片，使涡轮旋转，涡轮的转速随流量的变化而变化(即流量大，涡轮的转速也大)，经变送部分转换，将转速转换成4～20mA DC的标准信号输出。

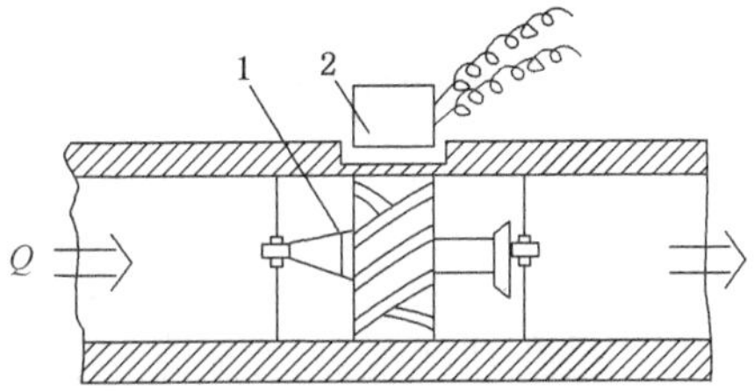


图1.23 涡轮流量计工作原理示意图

1—涡轮；2—电磁感应转换装置

### 2.5.2 特点

- 有现场流量指示，且有电信号4～20mA DC远传。
- 测量精度高，反应速度快。
- 测量范围较广，主要用于中小口径的流量检测。

**特别提醒**

- 只能用于非常干净，且稀薄的气、液介质的流量测量，在介质入口处要加装过滤器；

» 仪表内有活动部件，使用寿命较短，可靠性较低。

**想一想？**

1. 涡轮流量计工作原理是________。
2. 涡轮流量计适合测量________介质的流量。

## 2.6 椭圆齿轮流量计

椭圆齿轮流量计(图1.24)广泛用于管道中液体总量和流量的测量。它具有量程范围大、精度高、性能稳定、能测高温、高黏度液体、安装简易、操作方便等诸多优点，广泛应用于石油化工等企业流体测量。

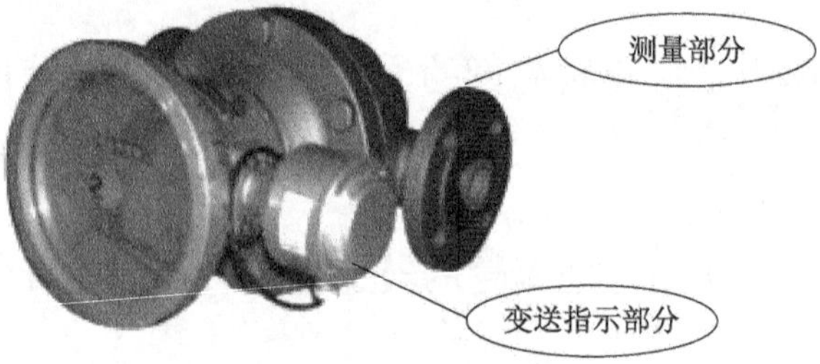


图1.24 椭圆齿轮流量计

### 2.6.1 结构和工作原理

椭圆齿轮流量计主要由两部分组成：

- 测量部分

椭圆齿轮组件，其作用是把流量转换成椭圆齿轮的转速。

$$Q \to n(Q = 4nV_0)$$

- 变送部分

电子转换电路，其作用是把椭圆齿轮的转速转换成标准信号(4～20mA DC)输出。

$$n \to 4 \sim 20\text{mA DC}$$

原理分析：液体流量的计量是测量室内完成的，如图1.25所示，在测量室内有一对椭圆齿轮A、B，在进口与出口两端液体的压差作用下，一对椭圆齿轮在转轴上不停地转动，测出齿轮的转数和转速即可得到流经仪表液体的总量和流量的大小。

工作过程：如图1.25(a)所示，一对椭圆齿轮A、B阻止流体流过，齿轮A与计量室内壁形成了一个新月形空间的液体——称为“一份”，体积为$V_0$(图上以阴影表示)。受到流体的作用，齿轮A有一转动矩，而齿轮B上总力矩为零。齿轮A带动齿轮B顺时针转动。图(b)是两齿轮的中间位置，当移动到位置如图(c)所示时，齿轮 A 失去了转动力矩，总力矩为零，而齿轮 B 获得了转动力矩，齿轮 B 带动齿轮 A 逆时针转动，如图(d)所示。

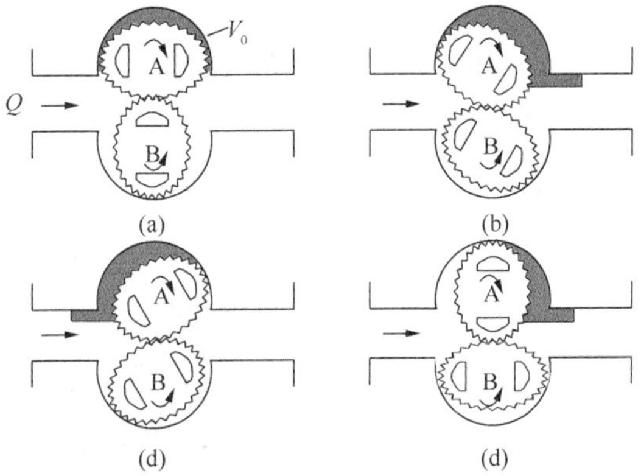


图 1.25　椭圆齿轮流量计工作半个周期示意图

### 2.6.2　特点

- 有现场流量和总量指示，且有 4 ~20mA DC 电信号远传。
- 测量精度高、可靠性高。
- 测量范围广。

**特别提醒**

- 适用于干净的、不含固体颗粒的、油品类的高温、高黏度液体介质的测量，在介质入口处要加装过滤器。

### 2.6.3　使用注意要点

**特别提醒**

- 使用椭圆齿轮流量计时应缓慢开启流量调节阀或手动阀，严禁突然开启或关闭。
- 仪表在使用时，应使表内流满液体。
- 管道中的流量不应急剧增加或减少，避免管道振动、水力冲击和压力急剧波动等现象。
- 应避免测量流量低于最小流量和高于最大流量的场合使用。

**想一想？**

1. 椭圆齿轮流量计是如何测量介质的流量和总量的？
2. 椭圆齿轮流量计适合测量何种介质？

**内容拓展**

## 2.7 科氏力质量流量计

科氏力质量流量计(图1.26)是运用科里奥利力现象为原理，以质量流量测量为目的的质量流量计。它可直接测量介质的质量流量，还可间接测量介质的密度、温度。用于各种液体、泥浆、渣浆以及各种油品等液体介质的质量流量测量。德国产的有些科氏力质量流量计还可用于测量气体的质量流量。

图1.26 科氏力质量流量计

### 2.7.1 结构和工作原理

科氏力质量流量计主要由两部分组成：

- 测量部分

测量管组件，其作用是将介质的质量流量大小转换成科氏力大小。

$$M \rightarrow Fc$$

- 变送部分

电子转换电路，其作用是把科氏力转换成标准信号(4～20mA DC)输出。

$$Fc \rightarrow 4\sim 20\text{mA DC}$$

原理分析：科氏力质量流量计测量原理以科氏力理论为基础，介质流经U形测量管(图1.27)在A、B两点产生科氏力相位差，其大小与介质的质量流量成正比，通过检测此相位差的大小即可得到质量流量的大小。

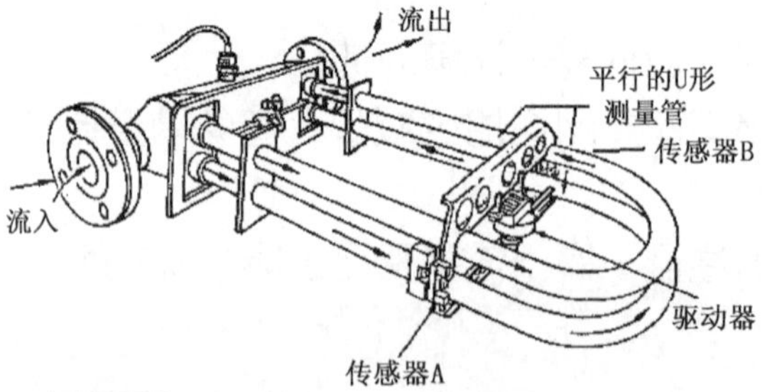


图1.27 双弯管型科氏力质量流量计的结构

### 2.7.2 特点

- 可有现场质量流量、密度和温度指示，且有4～20mA DC电信号远传。
- 测量精度高、可靠性高。

- 测量范围广。
- 几乎可用于各种液体介质的质量流量测量。
- 有些科氏力质量流量计还可以测量气体介质的质量流量。

**想一想？**

1. 科氏力质量流量计工作原理是______________。
2. 科氏力质量流量计有何特点？

### 2.8 流量测量符号

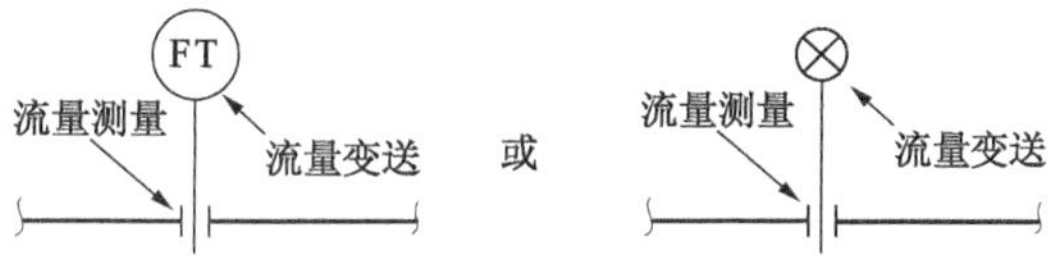


## 任务三　认识物位检测仪表

### 1　物位检测的基本概念

#### 1.1　液位、界面、料位和物位及其检测仪表的定义

液位是指容器中液体介质液面的高度。

界面是指容器中两种液体介质分界面的高度。

料位是指容器中固体块、散粒、粉末等的堆积高度。

液位、界面和料位统称物位。

用来检测液位的仪表叫液位计，检测界面的仪表叫界面计，检测料位的仪表叫料位计，它们统称为物位计。

#### 1.2　物位检测的单位

物位检测的单位一般用长度单位或百分数来表示。

现场物位检测仪表指示的单位通常用厘米(cm)或百分数(%)。

控制室物位显示仪表显示的单位通常用毫米(mm)或百分数(%)。

### 2　物位检测仪表(图1.28)

物位检测的目的是监控生产的正常安全运行以及经济核算。

在石油化工生产中，遇到的多数物料是各种液体，所以这里着重介绍液位检测仪表。

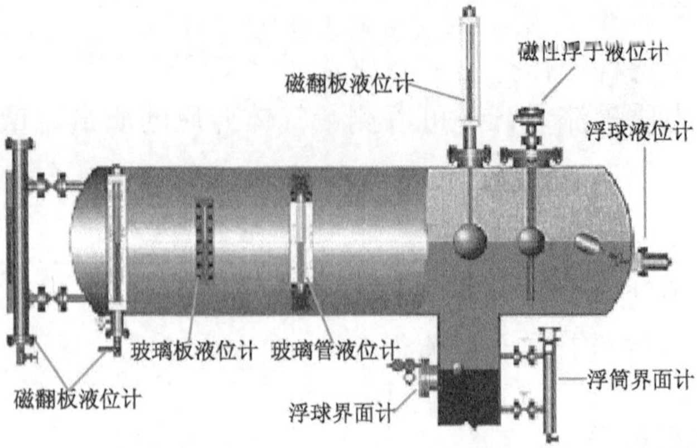


图 1.28　各种物位检测仪表安装示意图

**说 明**

大多数液位计测量液位都有有效测量范围，如图 1.29 所示。

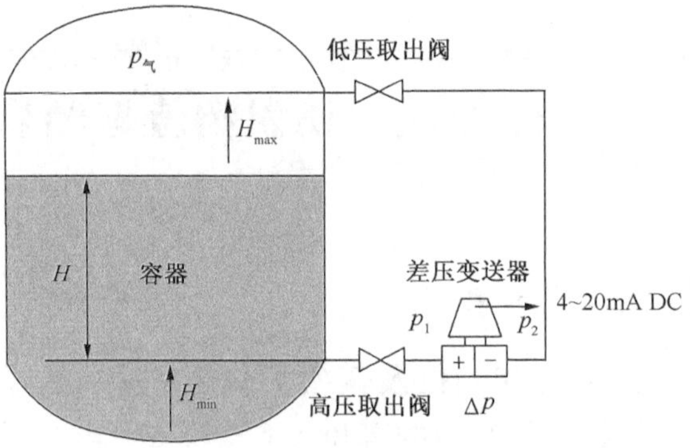


图 1.29

## 2.1　玻璃液位计

玻璃液位计有玻璃管液位计和玻璃板液位计两种形式(图 1.30)，玻璃板液位计可采用多块玻璃板叠加测量较高液位。

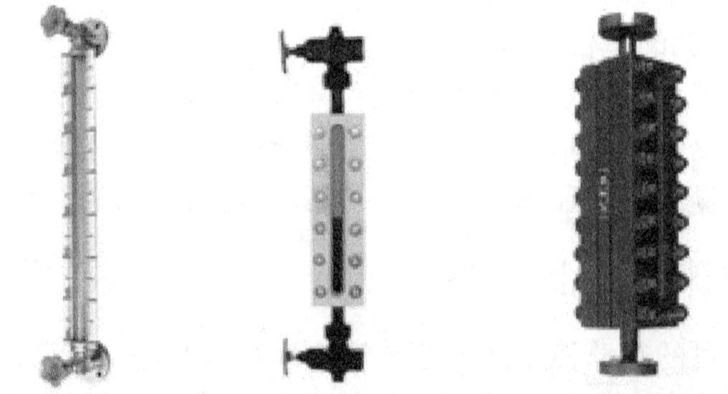

玻璃管液位计　　玻璃板液位计　　高压玻璃板液位计

图 1.30

2.1.1　结构和工作原理

玻璃液位计是利用连通器原理测量容器中的液位，测量时打开高、低压取出阀，将容器内液体介质引至外部玻璃管(板)液位计内，通过透明玻璃直接显示容器内液位的实际高度，见图1.31。

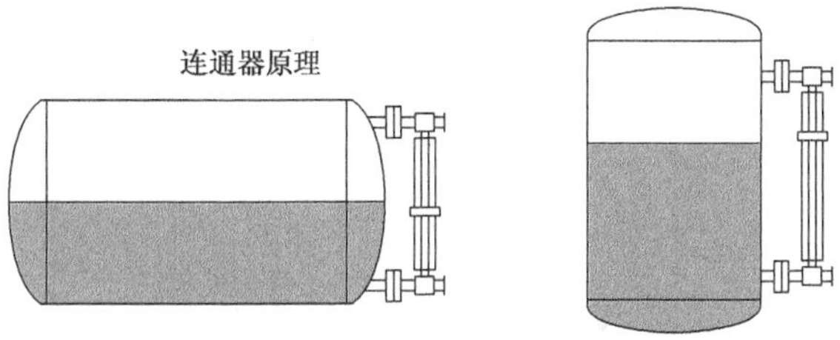


图1.31　玻璃液位计安装示意图

2.1.2　特点

- 结构简单，读数直观，使用广泛。
- 使用压力较低，玻璃管液位计只能用于常压，普通玻璃板液位计用于低压，但有些特殊密封结构的玻璃板液位计可用于中高压。
- 只能用于较干净和稀薄液体介质的液位测量。

想一想？

1. 玻璃液位计的测量原理是________。
2. 玻璃液位计使用时如果只打开其中一个取压阀会有什么结果？

## 2.2　浮力式液位计

浮力式液位计常用的有磁性浮子(球)液位计和磁翻板(柱)液位计两种形式。

2.2.1　结构和工作原理

浮力式液位计的基本原理是通过测量漂浮于被测液面上的浮子随液面变化而产生的位移测得液面的高度，工作原理就是浮力原理(恒浮力)。

浮力式液位计主要由两部分组成，如图1.32和图1.33所示。

测量部分

浮子测量组件，其作用是将液位转换成浮子的位移。

$$H \rightarrow X$$

变送部分

电子转换电路，其作用是把浮子的位移转换成标准信号(4～20mA DC)输出。

$$X \rightarrow 4 \sim 20\text{mA DC}$$

磁性浮子液位计的结构主要包括有一空心带磁性的浮子、电阻测量杆和信号转换部分，有电信号远传。

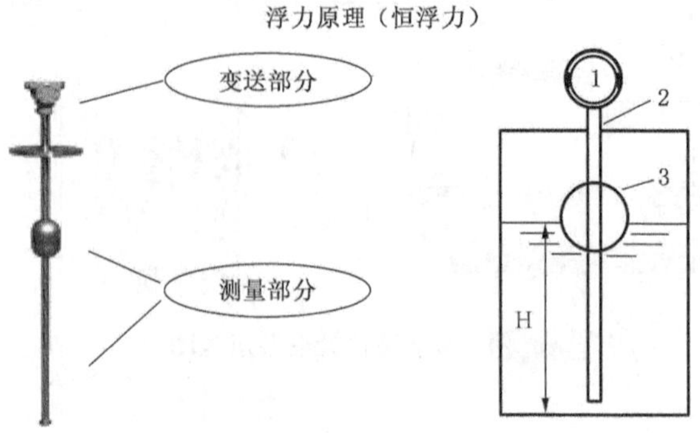


**图1.32　磁性浮子(球)液位计结构示意图**

1—变送器；2—电阻测量杆；3—磁性浮子

磁翻板液位计的外套管体内有一空心带磁性的磁性浮子，通过磁力驱动指示计中带磁性的红、白色翻柱翻转180°，带红颜色的一面朝外，于是翻柱的高度就代表了液位的高度。该液位计也可加装电阻测量杆和信号转换部分，进行电信号远传。

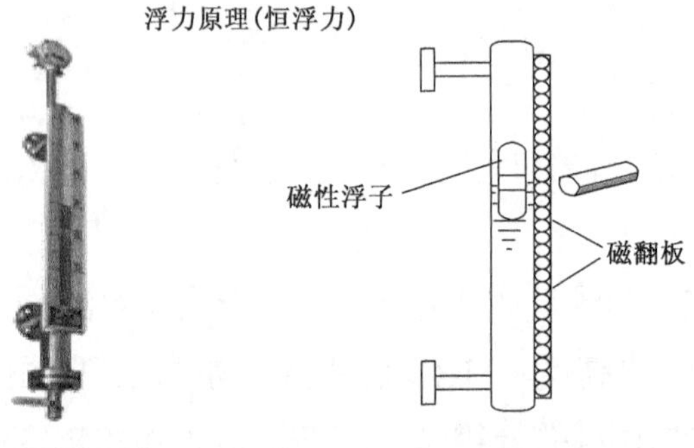


**图1.33　磁翻板(柱)液位计结构原理示意图**

2.2.2　特点

▸▸ 磁性浮子液位计有4～20mA DC电信号远传；磁翻板液位计既可现场读数，也有4～20mA DC电信号远传，使用广泛。

▸▸ 磁性浮子液位计只能用于低压介质的液位测量；磁翻板液位计可用于低、中压($p<5.0$MPa)介质的液位测量。

▸▸ 两种液位计均只能用于较干净的、稀薄液体介质的液位测量。

**想一想？**

1. 浮力式液位计的测量原理是__________。
2. 磁性浮子液位计和磁翻板液位计各有什么特点？
3. 家中的抽水马桶水箱液位测量计属于何种液位计？

## 2.3 浮筒式液位计

浮筒式液位计，也称为沉筒式液位计。

### 2.3.1 结构和工作原理

如图 1.34 所示，浮筒液位计由浮筒室（外筒）、浮筒（内筒）、扭力管系统及电子测量系统等组成。浮筒浸没在液体中，所受液体浮力的大小与液位成正比，通过测量浮筒浮力的大小即能得到液体液位，工作原理是阿基米德浮力原理（变浮力）。

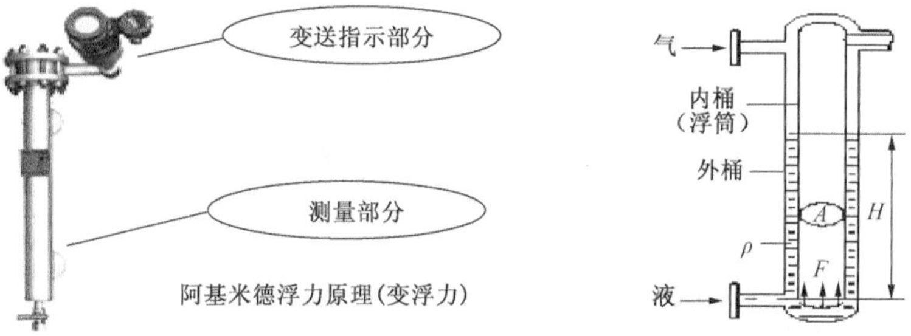


图 1.34 浮筒液位计和结构示意图

浮筒液位计主要由两部分组成：

- 测量部分

浮筒、杠杆、扭力管及芯轴等测量组件，其作用是把液位转换成浮筒的浮力（$F = HA\rho g$），浮筒的浮力再转换成芯轴角位移的变化量 $\Delta\theta$。

$A$：浮筒截面积，$\rho$：被测介质密度，$g$：重力加速度。

$$H \rightarrow F \rightarrow \Delta\theta$$

- 变送部分

电子转换电路，其作用是把芯轴角位移的变化量转换成标准信号（4 ~ 20mA DC）输出。

$$\Delta\theta \rightarrow 4 \sim 20\text{mA DC}$$

### 2.3.2 特点

- 有现场液位指示，且有 4 ~ 20mA DC 电信号远传，使用广泛。
- 可用于低中压介质液位的测量（$p < 5.0$MPa）。
- 不仅能检测液位，而且还能检测界面。
- 只能用于较干净的、稀薄液体介质的液位测量。

**想一想？**

1. ________和________是恒浮力式液位计，________是变浮力式液位计。
2. 若浮筒液位计所测介质的密度发生变化，仪表的显示还准确吗？

## 2.4 静压式液位计

静压式液位计(也称为差压式液位计)是利用容器内液体某一界面所受静压力与界面上方液体液面高度成正比关系这一原理来测量液位的，如图1.35所示。该种液位计主要由测压管和差压变送器两部分组成，变送器一般都采用电容式差压变送器。根据不同的使用工况，静压式液位计有多种液位检测形式。

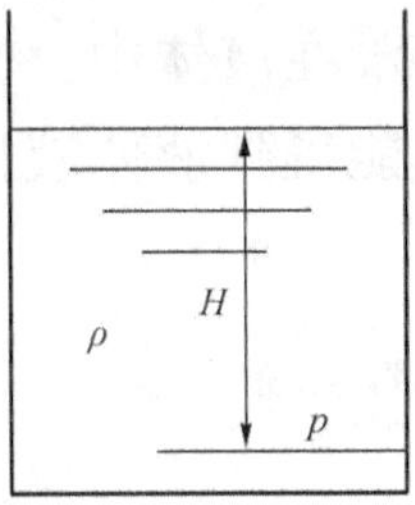


图1.35 静压式液位计测量原理

工作原理是静压原理，即：

$$p(\Delta p) = H\rho g$$

式中 $\rho$——被测介质密度；

$g$——重力加速度。

2.4.1 检测方法一

被测对象为敞口容器，可以直接用压力式变送器测量液位，如图1.36所示。

容器底部所受液体的压力：$p = H\rho g$

2.4.2 检测方法二

被测对象为密闭容器，用差压式变送器检测液位，如图1.37所示。

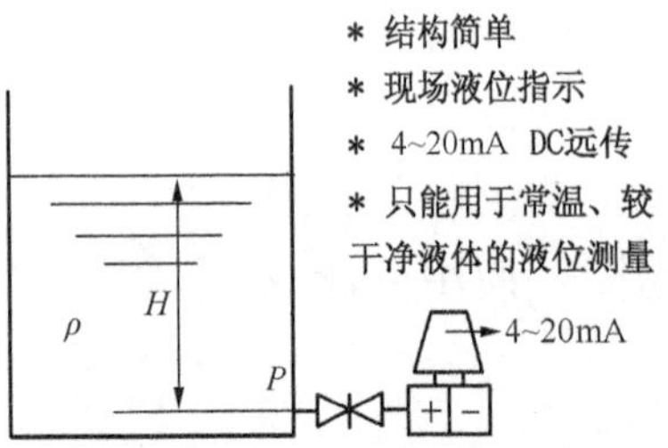


图1.36 压力式液位计示意图

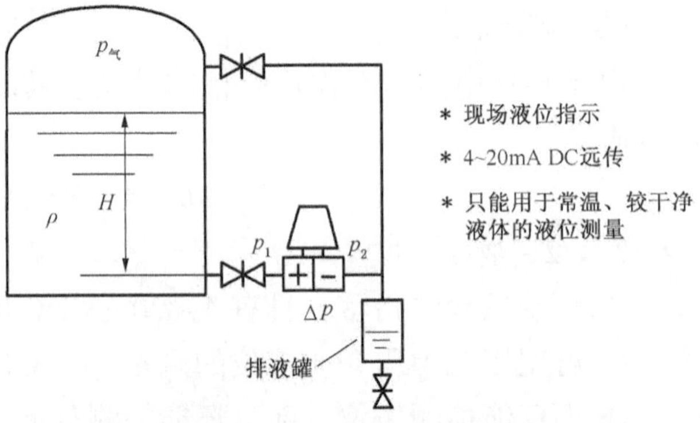


图1.37 差压式液位计示意图

差压式液位计两侧所受压力：

$$p_1 = H\rho g + p_{气}，\ p_2 = p_{气}$$

$\Delta p = p_1 - p_2 = H\rho g$ ，无需零点迁移。

**说明**

当 $H=0$ 时，$\Delta p=0$，无需零点迁移；如 $\Delta p>0$，需正迁移；如 $\Delta p<0$，需负迁移。

### 2.4.3 检测方法三

对于不干净、易腐蚀、易凝固、高温的液体介质，可采用隔离罐差压式变送器检测液位，如图 1.38 所示。

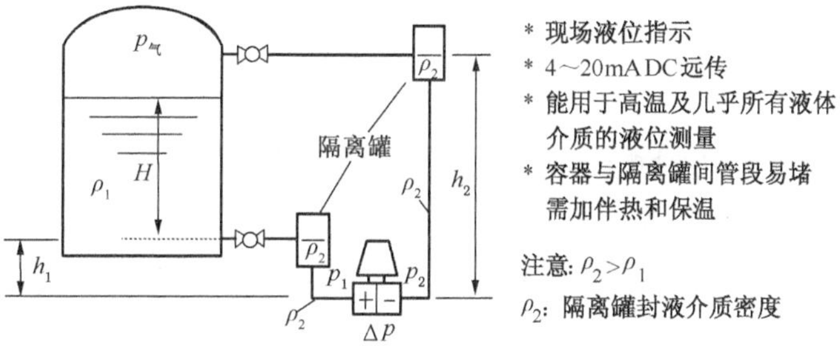


图 1.38 隔离罐差压式液位计示意图

变送器两侧压室所受压力：

$$p_1 = H\rho_1 g + p_{气} + h_1\rho_2 g，\ p_2 = p_{气} + h_2\rho_2 g$$

$$\Delta p = p_1 - p_2 = H\rho_1 g - (h_2 - h_1)\rho_2 g$$

$H=0$ 时，$\Delta p = -(h_2 - h_1)\rho_2 g$

需要零点迁移，负迁移，迁移量为：$(h_2 - h_1)\rho_2 g$

迁移的目的是使当 $H=0$ 时，$\Delta p=0$。

### 2.4.4 检测方法四

对于不干净、易腐蚀和易凝固的液体介质，其液位的检测可采用法兰隔膜差压式变送器，如图 1.39 所示。隔膜差压式变送器有插入式法兰和平法兰两种形式。

差压式变送器两侧受到的压力差：

$$\Delta p = p_1 - p_2 = H\rho g - h\rho_0 g$$

式中 $h$——上下两个法兰的间距；

$\rho_0$——毛细管中硅油的密度。

$H=0$ 时，$\Delta p = -h\rho_0 g$

需要零点迁移，负迁移，迁移量为：$h\rho_0 g$

隔膜的作用：用于隔离被测介质，主要用于不干净、易腐蚀和易凝固介质的测量。

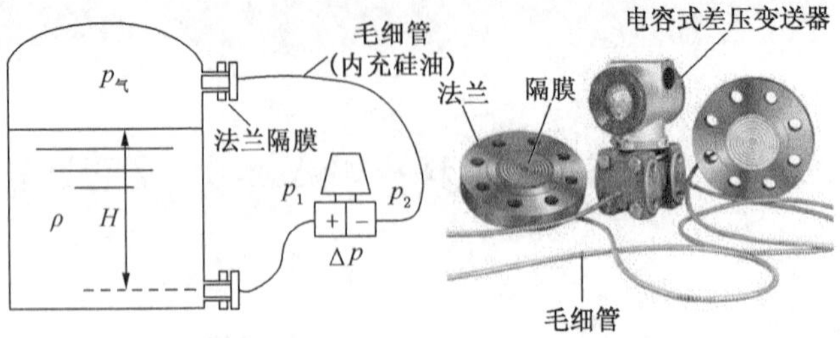


图 1.39 法兰隔膜电容式差压变送器

**想一想？**

1. 静压式液位计是利用__________原理来测液位的。

2. 如图 1.40 所示差压式液位计，是否需要对差压变送器进行零点迁移？是正迁移还是负迁移？

3. 零点迁移的目的是什么？

4. 回顾一下电容式差压变送器可测量哪些工艺参数？

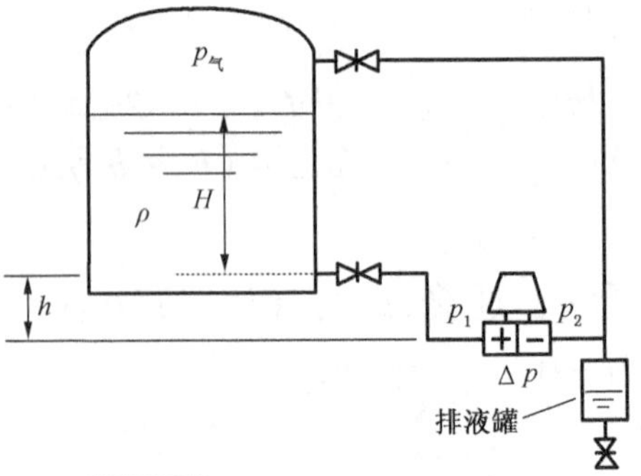


图 1.40 差压式液位计示意图

**内容拓展**

## 2.5 超声波物位计

超声波物位计产生人耳听不到的高频高能声波，检测液位和料位。由于采用非接触式测量方法，被测介质几乎不受限制，因此可广泛用于各种液体、固体物料高度的测量。

### 2.5.1 结构和工作原理

超声波物位计(图 1.41)的探头上装有声波发射器和接收器，当发射器向液面发射出超声波时，在液面处产生反射，反射的回波被接收器接收，通过测量声波的来回时间即可知液面的高度。超声波物位计可安装在容器的上方或下方，各有优缺点，根据工况来选择。

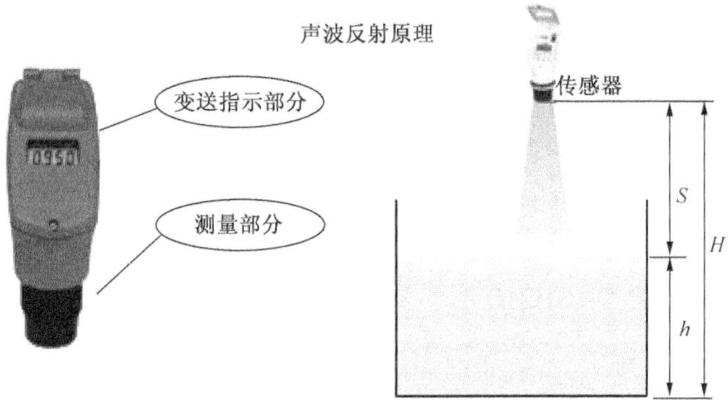


图 1.41 超声波物位计工作原理示意图

工作原理是声波反射原理。

超声波物位计主要由两部分组成：

- 测量部分

探头测量组件，其作用是将物位转换成声波的来回时间。

$$H \to t$$

- 变送部分

电子转换电路，其作用是将时间转换成标准信号(4～20mA DC)输出。

$$t \to 4 \sim 20\text{mA DC}$$

2.5.2　特点

» 有现场物位指示，且有电信号 4～20mA DC 远传。

» 能检测液位和料位。

» 几乎能测量所有介质的液体和固体物料高度。

## 2.6　射线式物位计

射线式物位计一般使用 γ 射线，如图 1.42 所示，多用于对液体、固体、悬浮液和污泥的连续非接触测量。测量不受被测介质的化学性质和温度、压力、黏度等物理性质的影响。因此，特别适用于密封容器内高温、高压、高黏度、强腐蚀性、剧毒、深冷物料的物位检测。

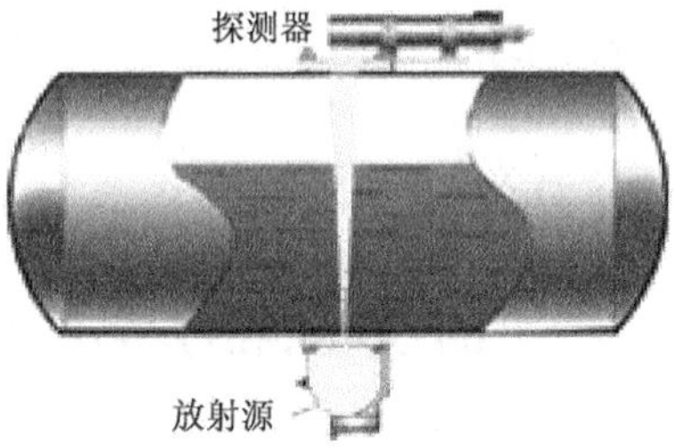


图 1.42 射线式物位计

2.6.1　结构和工作原理

γ 射线的辐射强度将随着所通过物料厚度的增加而逐渐地减弱。射线辐射强度的变化遵循指数衰减规律。射线式物位计是利用 γ 射线通过不同介质后被吸收减弱的程度不同，对各种形态的物料位置进行非接触测量的仪表。

工作原理是利用探测到的γ射线强度随容器内物位的变化而变化。

2.6.2 特点

➤ 4～20mA DC 有电信号远传。

➤ 能检测液位、料位、界面和介质的浓度。

➤ 几乎能测量所有液体和固体介质的物料高度，特别适用于密封容器内高温、高压、高黏度、强腐蚀性、剧毒、深冷物料的物位检测。

**特别提醒**

➤ γ射线对人体有一定的伤害，要注意防范。

### 2.7 液位测量符号

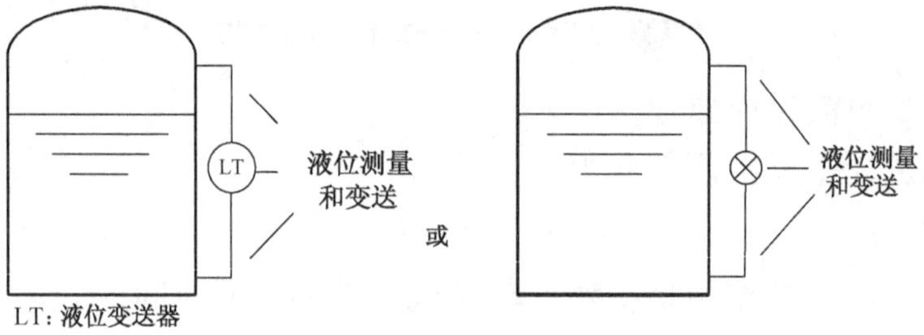


**想一想？**

1. 超声波物位计的工作原理是________，为什么称其为物位计而不称为液位计？

2. 射线式物位计的工作原理是________。

# 任务四　认识温度检测仪表

## 1 温度检测的基本概念

### 1.1 温度的定义

温度是表示物体冷热程度的物理量。

### 1.2 常用的温标和单位

摄氏温度 $t$：单位℃。

热力学温度(绝对温度) $T$：单位 K。

二者之间的关系：$T = 273.15 + t$ 或 $t = T - 273.15$。

## 2　温度检测仪表

温度检测仪表有非接触式和接触式两大类。非接触式温度计(主要包括红外测温仪)，其特点是使用便捷、可用于高温介质测量；接触式温度计(主要包括玻璃管温度计、双金属片温度计、热电偶温度计和热电阻温度计等)，其特点是测量精度较高。

### 2.1　红外测温仪

非接触式温度计使用最多的是红外测温仪，如图 1.43 所示为各种红外测温仪。其测温原理是物体(如钢水)自身发射出红外线，其所具有的辐射能转变成电信号，辐射能的大小与物体(如钢水)本身的温度相对应，根据转变的电信号大小，确定物体(如钢水)的温度。

图 1.43　各种红外测温仪

**特点**

▶▶ 红外测温仪属于非接触式测温仪，测温范围广(0～3500℃)，特别适合用于测量高温。

▶▶ 结构小巧，使用灵活，测量方便迅速。

### 2.2　玻璃管温度计

玻璃管液体温度计是应用最广泛的一种温度计，如图 1.44 所示，是利用液体热胀冷缩的原理来实现温度测量的。其结构简单、使用方便、准确度高、价格低廉。

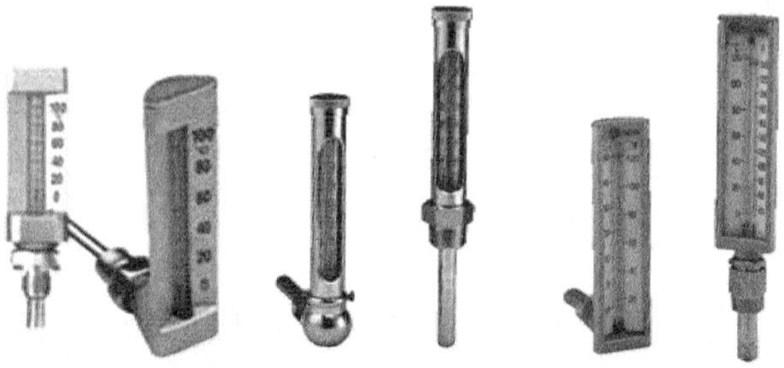

图 1.44　各种玻璃管液体温度计

### 2.3　双金属片温度计

双金属片温度计(图 1.45)是一种测量中、低温度(－80～600℃)的就地指示仪表，测温元件是两片热膨胀系数不同的金属片叠焊在一起，故称双金属片温度计，其测温原理是根据检测介质温度的变化，双金属片发生弯曲变形指示温度高低。它适用于工业上精度要求不高的测温场合，实测温度指示易受外界影响。

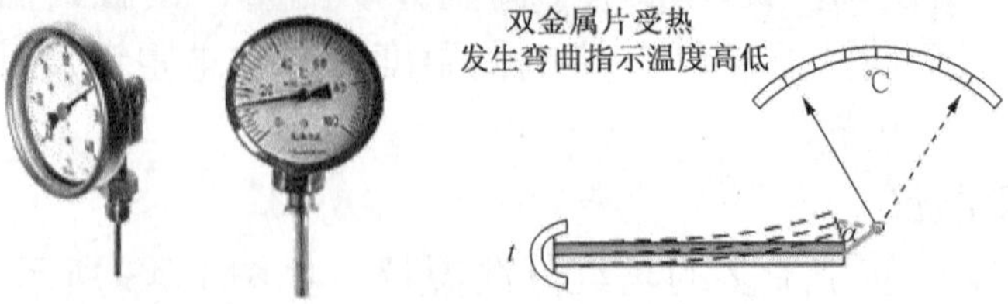


图 1.45 双金属片温度计及工作原理图

此外，双金属片作为一种感温元件也可用于温度自动控制。当温度超过(或低于)某一温度时，双金属片弯曲而使某两导体接触，电路接通，从而实现自动控制。

**想一想？**

1. 在生活中用到过红外测温仪吗？它的工作原理和主要特点是什么？
2. 体温计属于何种类型的温度计？它的测量精度高吗？

## 2.4 热电偶温度计

热电偶温度计由热电偶、补偿导线和电测仪表等组成。热电偶(图 1.46)是温度测量中应用最普遍的测温器件，它测温范围广( -200 ~ 1600℃)，性能稳定，测量精度较高，有电信号远传，便于集中检测和自动控制。

图 1.46 各种热电偶

### 2.4.1 测温原理

热电偶

热电偶是由两种自由电子密度差异的导体(热电极)，如图 1.47 所示的 A、B 两种材料焊接而成。

结构和工作原理

热电偶主要由热电极、绝缘子、保护套管、接线盒等部分构成，如图 1.48 所示。

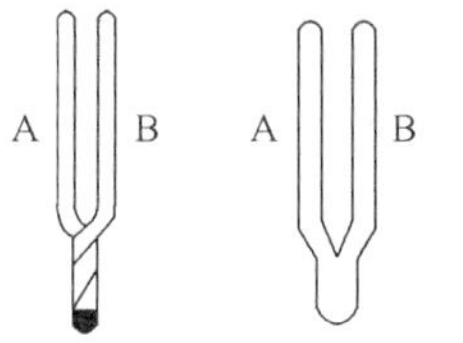


**图 1.47** 热电偶示意图

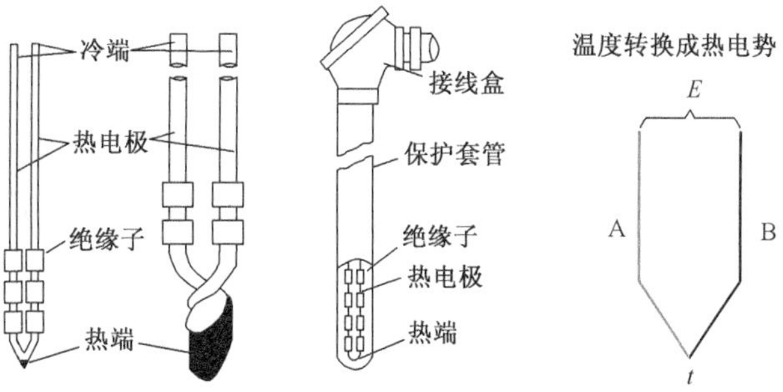


**图 1.48** 普通型热电偶结构示意图

热电偶两端受不同的温度，热电偶上就产生热电势，这种现象称为热电效应。热电偶实际上是一种能量转换器，将热能转换为电能，通过测得产生的热电势的大小来确定介质温度。

工作原理是热电效应，即温度转换成热电势，即 $t \rightarrow E_t$。

热电偶为何能产生热电势？

当一种导体受热后，导体内部自由电子作无规则扩散，无论温度多高，它的热电势恒等于零。

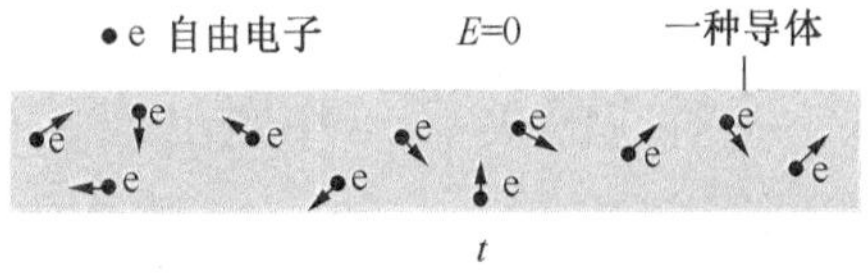


当两种不同的导体焊接在一起(热电偶)受热后，由于其自由电子密度不同，相互间自由电子扩散量也不同，就会产生热电势，温度越高其热电势越大。

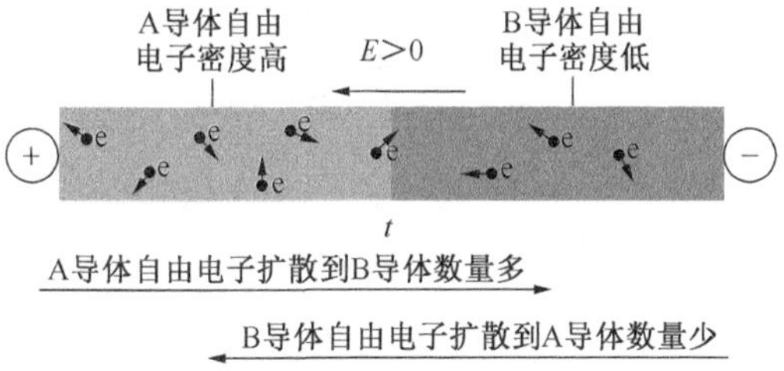


当热电偶连接成回路，两端温度 $t$ 相同，则总热电势为零。

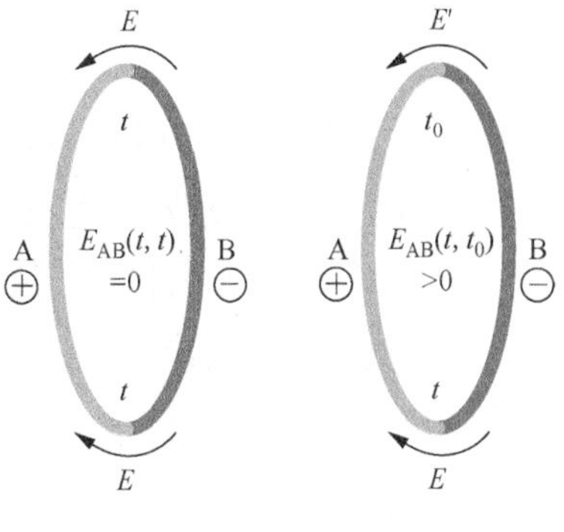


当热电偶连接成回路，两端温度 $(t,\ t_0)$ 不相同，则有总热电势。

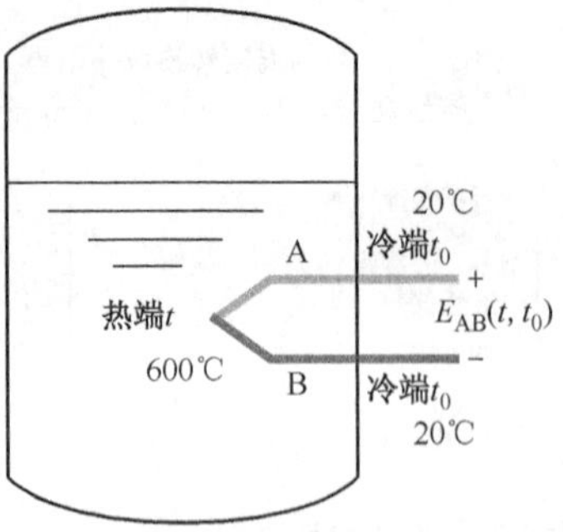


热电势的表示方法

实测热电势用 $E_{AB}(t, t_0)$ 来表示，其大小取决于组成热电偶A、B两种材料、热端温度 $t$ 和冷端温度 $t_0$。

热端温度 $t$ 通常指的是容器或管道内介质的温度，冷端温度 $t_0$ 指的是控制室室温。

几种常用的热电偶

我国已对常用的热电偶标准化，如表1.3所示。

**表1.3　常用热电偶技术数据**

| 名称A(+)-B(-) | 分度号 | 长期使用温度/℃ | 100℃时热电势/mV |
|---|---|---|---|
| 铂铑$_{10}$-铂 | S | 1300 | 0.654 |
| 铂铑$_{30}$-铂铑$_6$ | B | 1600 | 0.032 |
| 镍铬-镍硅 | K | 1200 | 4.095 |
| 铜-康铜 | T | 350 | 4.277 |
| 镍铬-康铜 | E | 750 | 6.317 |

希望热电势和实测热电势的关系

人们以冷端温度 $t_0$ 恒定为零，通过实验得到上述标准化热电偶的热端温度 $t$ 与热电势 $E_{AB}(t, 0)$ 大小一一对应的关系，并列出表。把该热电势 $E_{AB}(t, 0)$ 称为希望得到的热电势，得到了热电势 $E_{AB}(t, 0)$ 的大小，即可通过查表的方法知道热端温度 $t$ 的高低。

希望热电势和实测热电势的关系，如图1.49所示：

$$E_{AB}(t, 0) = E_{AB}(t, t_0) + E_{AB}(t_0, 0)$$

$E_{AB}(t_0, 0)$：指需要冷端温度补偿的热电势。

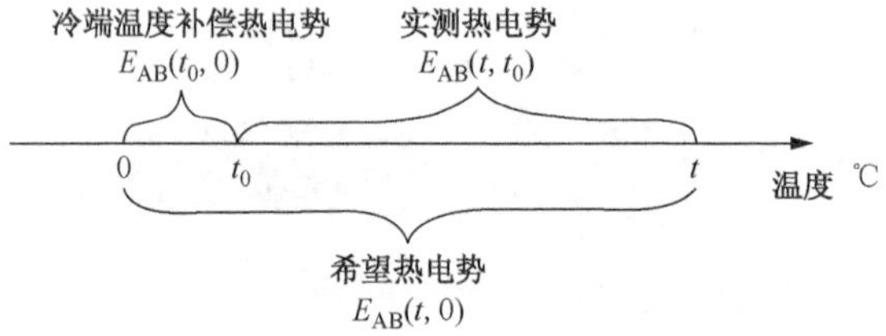


图1.49　各热电势关系

2.4.2　补偿导线

由于组成热电偶的两电极一般为贵金属材料，而热端和冷端的距离比较远，如全部使用贵金属材料势必太昂贵。人们发现，有些贱金属(价格低廉的金属材料，也称为补偿导线)，在0～100℃温度范围内，其产生的热电势与热电偶产生的热电势非常接近，故可以在热端处用热电偶(一般不超过3m)，后面用补偿导线(图1.50)。不同材料的热电偶配用不同的补偿导线。

### 2.4.3 实际热电偶温度计

实际热电偶温度计是带有冷端温度自动补偿电桥的仪表，由热电偶，补偿导线，冷端补偿电桥，显示仪表等部分组成，如图 1.51 所示。补偿电桥有按 $t_0=20℃$ 和 $t_0=0℃$ 时电桥平衡而设计的，如按 $t_0=0℃$ 时电桥平衡而设计，则可作如下分析。

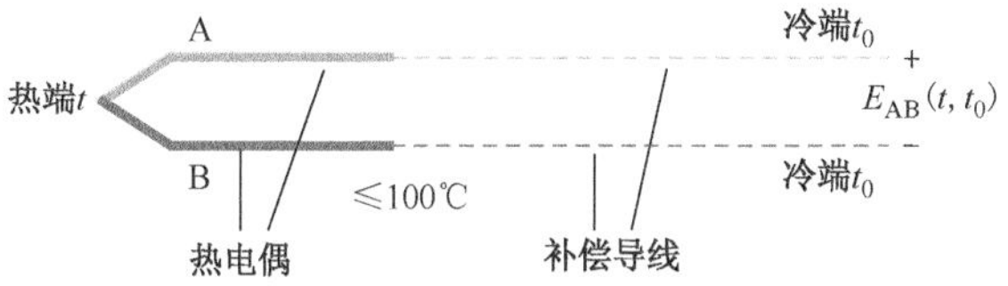


图 1.50 热电偶与补偿导线连接示意图

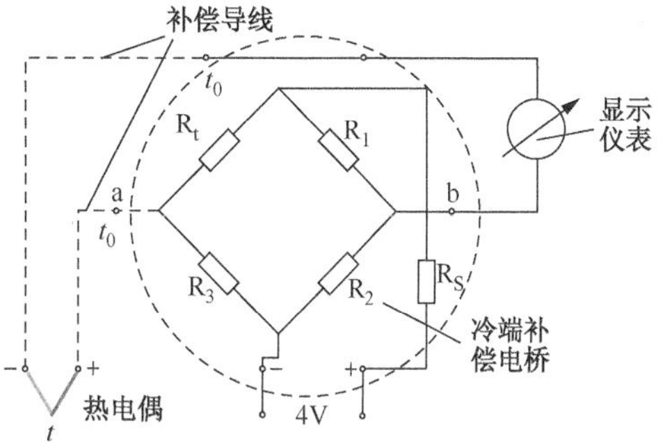


图 1.51 具有补偿电桥的热电偶回路

热电偶：将温度的高低转变成热电势，与补偿导线产生的热电势相加，其产生的总热电势为 $E_{AB}(t, t_0)$；

补偿导线：用贱金属导线代替贵金属热电偶材料，使冷端远离高温端；

冷端补偿电桥：它的输出电压 $U_{ba}$ 大小正好自动调节到冷端温度需要补偿的热电势 $E_{AB}(t_0, 0)$；

显示仪表：根据输入希望热电势 $E_{AB}(t, 0)=E_{AB}(t, t_0)+E_{AB}(t_0, 0)$ 的大小显示温度的高低。

**想一想？**

1. 试述热电势的大小与哪些因素有关？
2. 补偿导线的作用是什么？能完全代替热电偶吗？

## 2.5 热电阻温度计

热电阻温度计由热电阻、连接导线、显示仪表等组成。热电偶温度计一般适用于测量500℃以上的较高温度，500℃以下的中、低温，一般用热电阻温度计(图 1.52)测量较合适。该温度计也可电信号远传，且灵敏度高。

将电阻丝绕制在具有一定形状的支架上，这个物体便称为热电阻，如图 1.53 所示。

### 2.5.1 热电阻测温原理

热电阻的测温原理是基于导体的电阻值随温度的变化而变化的特性，只要测出电阻值大小就可得到被测介质温度的高低，即 $t \rightarrow R_t$。

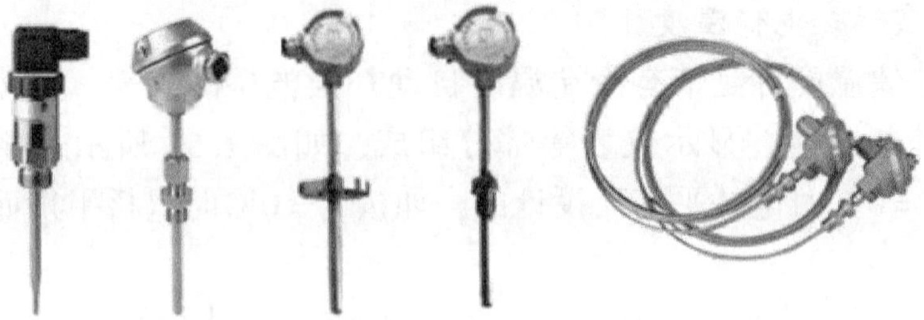

图 1.52　各种热电阻

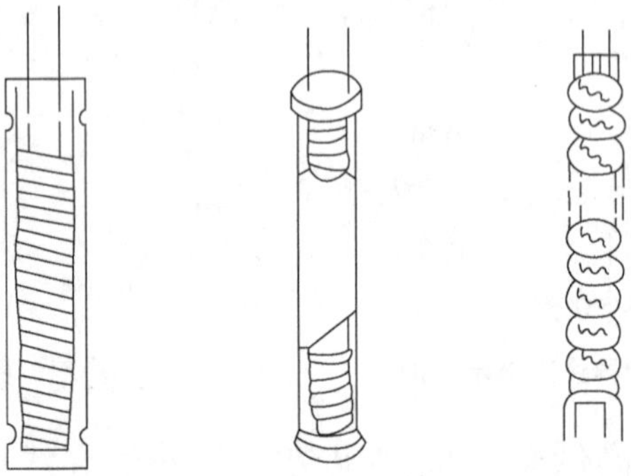

图 1.53　几种热电阻的支架形状(已绕电阻丝)

2.5.2　常用热电阻的种类

目前应用最广泛的热电阻材料是铂和铜。用分度号表示：Pt10、Pt100、Cu50、Cu100，表达的含义是 0℃ 时，铂电阻值为 10Ω 或 100Ω，铜电阻值为 50Ω 或 100Ω。

2.5.3　热电阻温度计的三线制接法

普通的热电阻温度计大多采用三线制接法，因为连接导线本身存在着电阻，其阻值受环境温度变化而变化，为了消除环境温度变化而带来的测量影响，常采用三线制接法，如图 1.54 所示。

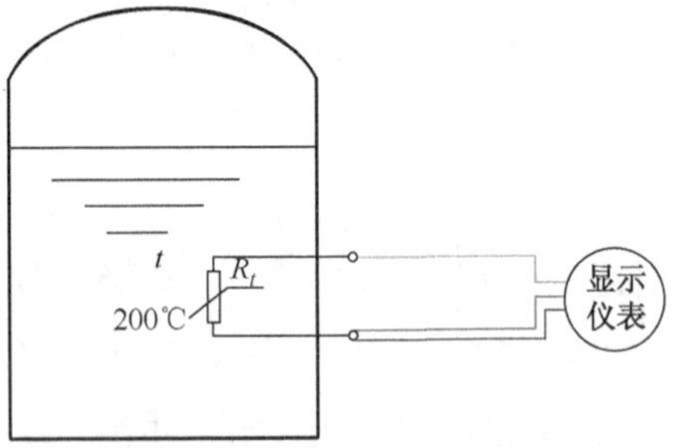


图 1.54　热电阻温度计连接图

**想一想?**

热电阻温度计采用三线制接线的目的是__________。

**内容拓展**

## 2.6　一体化温度变送器

一体化温度变送器是温度传感器与变送器的完美结合，以十分简捷的方式把 −200 ~ 1600℃ 范围内的温度信号转换为二线制 4 ~ 20mA DC 的电信号传输给显示仪、调节器、记录仪、DCS 等，实现对温度的精确测量和控制，如图 1.55 所示为各种一体化温度变送器。一体化温度变送器是现代工业现场温度测控的更新换代产品，是集散系统、数字总线系统的优选产品。

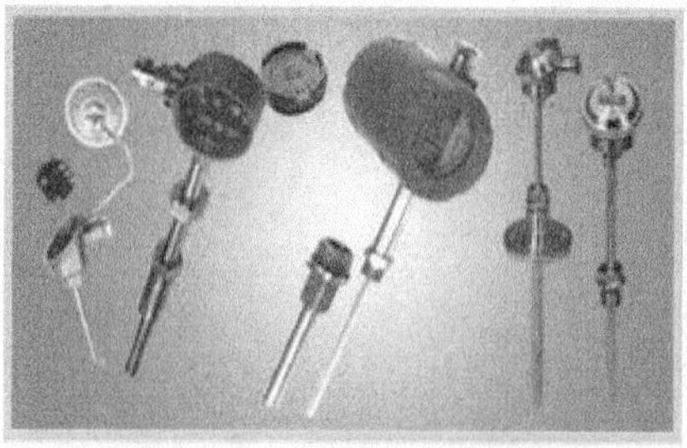

各种一体化温度变送器

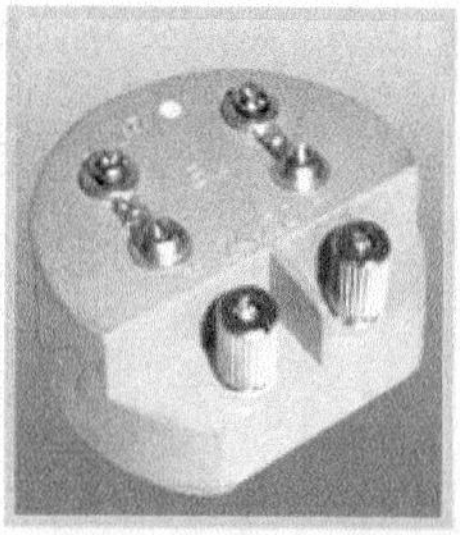

一体化温度变送模块

图 1.55

一体化温度变送器一般由测温探头（热电偶或热电阻传感器）和温度变送模块组成。温度变送模块直接安装在接线盒内，从而形成一体化温度变送器。一体化温度变送器一般分为一体化热电阻温度变送器和一体化热电偶温度变送器两种类型。

### 2.6.1　工作原理

热电偶（阻）在工作状态下所测得的热电势（电阻）的变化，经过温度变送器转换成为 4 ~ 20mA DC 电信号给显示仪表，显示仪表便显示所对应的温度值。

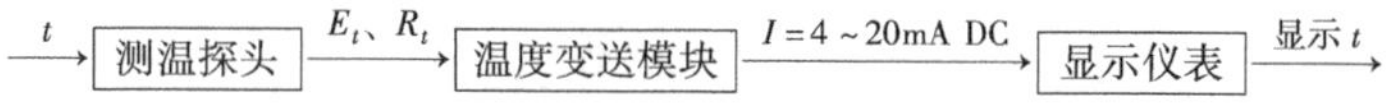


一体化温度计原理框图

### 2.6.2　特点

- 超小型一体化，通用性强。
- 二线制 4 ~ 20mA DC 输出。传输距离远，抗干扰能力强。
- 冷端、温漂、非线性自动补偿。
- 测量精度高，长期稳定性好。
- 采用一体化设计，结构简单合理，可直接替换普通装配式热电偶、热电阻。
- 采用热电偶温度变送器，可免用补偿导线，降低成本。
- 液晶、数码管、指针等多种指示功能方便现场适时监控。

## 2.7 温度测量符号

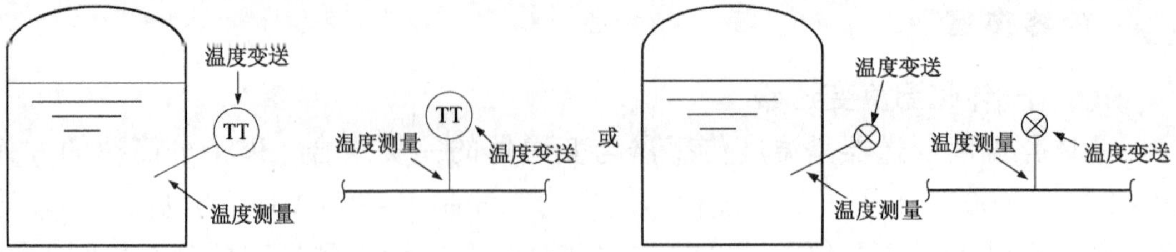


TT:温度变送器。

1. 一体化温度变送器一般分为________和________两种类型。
2. 一体化热电偶温度计还需要补偿导线吗?
3. 一体化温度变送器远传信号是________。

1. 化工生产中常见的过程参数有哪些?检测过程参数的作用是什么?
2. 为什么工业上的压力表一般做成测表压或真空度,而不做成测绝对压力的形式?
3. 简述弹簧管压力表的工作原理。
4. 电容式压力变送器的工作原理是什么?
5. 智能扩散硅压力变送器的工作原理是什么?有何特点?
6. 标准节流元件有哪些?
7. 当被测介质的密度变化时,转子流量计的指示值是否会产生测量误差?
8. 电磁流量计是如何测流量的?对被测介质的要求是什么?
9. 漩涡(也称涡街)流量计是如何测流量的?
10. 涡轮流量计是如何测流量的?对被测介质的要求是什么?
11. 椭圆齿轮流量计的工作原理是什么?有何特点?
12. 科氏力质量流量计的工作原理是什么?有何特点?
13. 简述浮筒式液位计的测量过程。其工作原理是什么?
14. 差压式液位计的工作原理是什么?
15. 差压式液位计在哪些情况下会产生零点迁移问题?
16. 超声波物位计的工作原理是什么?有何特点?
17. 射线式物位计的工作原理是什么?有何特点?
18. 双金属片温度计的工作原理是什么?
19. 什么叫热电偶?其工作原理是什么?

20. 普通型热电偶温度计由哪几部分组成？各部分的作用是什么？
21. 什么叫补偿导线？为什么要用补偿导线？
22. 为什么要对热电偶的冷端进行冷端温度补偿？
23. 热电势的大小与热电偶的长度和粗细有无关系？
24. 热电阻的测温原理是什么？常用的热电阻有哪些？
25. 一体化温度变送器有何特点？
26. 请画出压力、流量、液位和温度测量符号。

# 单元二　控 制 器

## 单元目标

（1）理解双位、比例、积分和微分控制的作用和特点。

（2）理解常用控制规律的作用和特点。

（3）理解 DDZ－Ⅲ型、KMM 型和 AI 型调节器的作用和特点。

（4）了解可编程控制器(PLC)的特点、分类和应用。

（5）了解 S7－300PLC 的功能和应用。

在化工生产的过程控制中，起调节控制作用的控制器习惯称之为调节器。调节器是构成自动控制的核心仪表，它的基本功能是将来自变送器的测量信号与设定信号相比较，并对由此所产生的偏差进行比例、积分和微分处理后，输出调节信号控制调节阀的动作，以实现对被控变量的自动调节作用。

本单元从 PID 的基本控制规律入手，讨论各种常规控制规律的构成和作用，并介绍实现控制规律的各种调节器和控制器。

## 任务一　认识调节器的基本控制规律

调节器的控制规律就是指调节器接受输入的偏差信号后，调节器的输出随输入的变化规律，即

$$P=f(e)$$

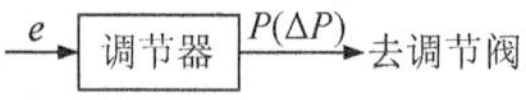


式中　$P$——调节器的输出信号；

$e$——偏差信号。

偏差是设定值与测量值之差。调节器输出的变化，即阀门开度的变化。调节器的控制规律就是对人工操作调节阀方式的一种模仿。在自动控制中最基本的控制规律有：双位控制、比例控制(P)、积分控制(I)和微分控制(D)四种。各种调节器的运算规律均由这些基本控制规律 PID 组合而成。

### 1　双位控制

实用的具有中间区的双位控制，如图 2.1 和图 2.2 所示。

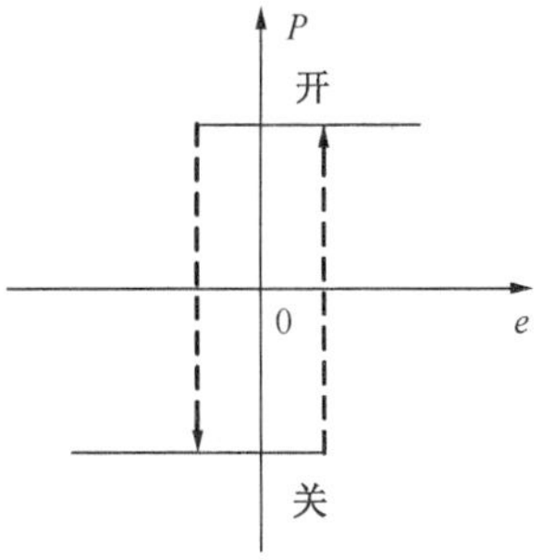


图 2.1 实际的双位控制规律

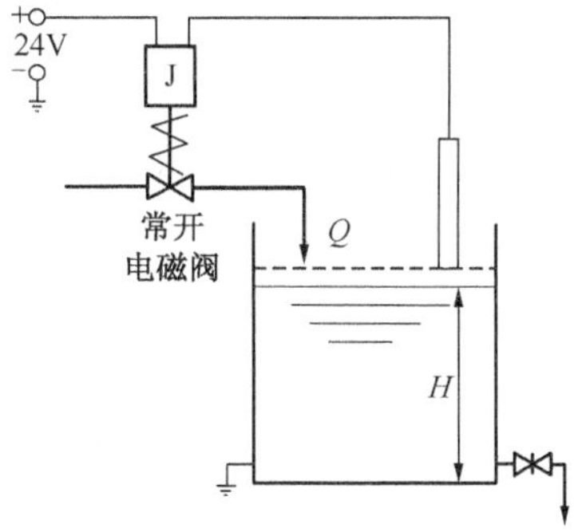


图 2.2 液位双位控制示意图

实际应用的双位调节器都有一个中间区(仪表的不灵敏区)。当被控变量 $H$ 上升时，必须在测量值高于设定值某一数值后，电磁阀才关；而当被控变量 $H$ 下降时，必须在测量值低于设定值某一数值后，电磁阀才开，见图 2.3。

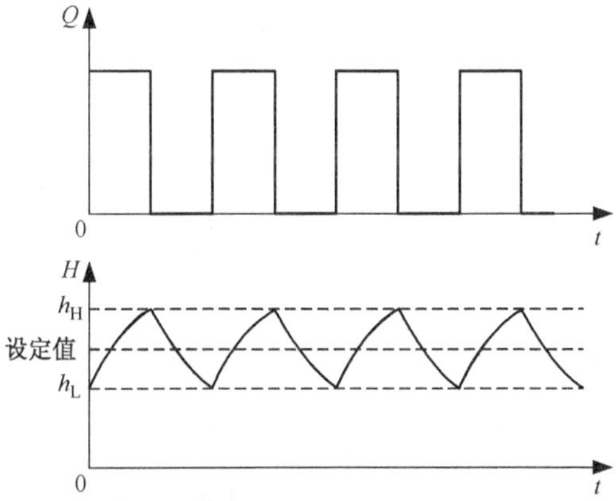


图 2.3 具有中间区的双位控制过程

双位控制的优点是简单易行；缺点是被控变量不断振荡。一般适用于对控制质量要求不高的场合。

工业生产中的恒温箱、电烘箱等和家庭日常生活中的冰箱、空调等都采用双位控制。

**想一想?**

1. 为什么双位调节器一般都有一个中间区?
2. 为什么双位控制质量不高?

## 2 比例控制

调节器的输出变化量与输入偏差信号成比例的控制规律，称为比例控制规律，用 $P$ 表示，见图 2.4。

即：$$\Delta P_P = K_P e$$

式中 $\Delta P_P$——比例调节器的输出变化量；

$K_P$——放大倍数。

$K_P$ 值可以大于 1，也可以小于 1。

**2.1　实例介绍**

图 2.5 所示，是一个采用浮球式调节器的水位自动控制系统。杠杆机构就相当于比例调节器。

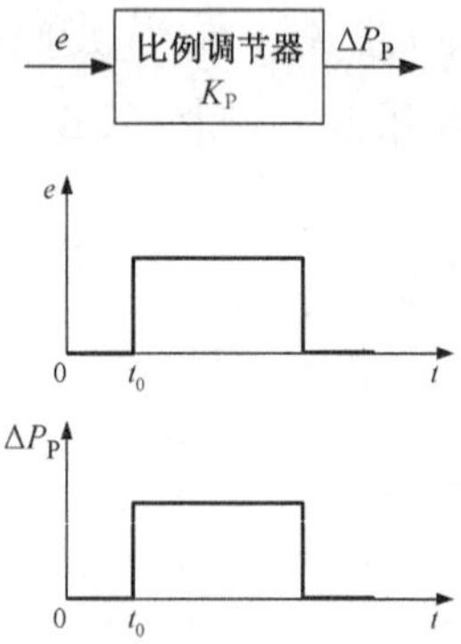


图 2.4　比例调节器的特性

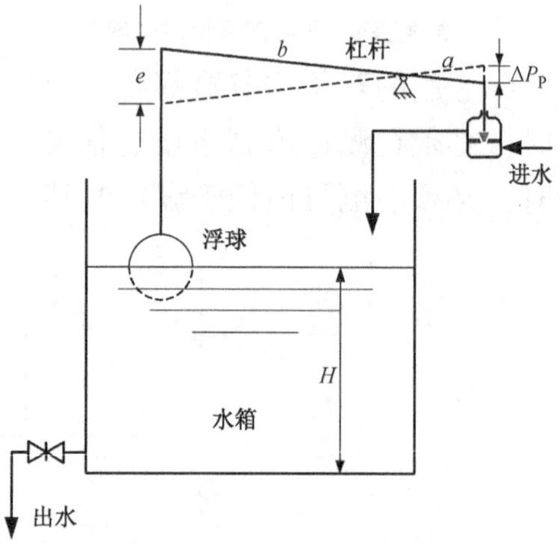


图 2.5　简单比例控制系统示意图

当出水流量增加时，液位下降，浮球也随之下降，通过杠杆的作用使阀门杆向上移动，把阀门开大一些；反之，当出水流量减少时，把阀门关小一些。达到各自新的稳定状态，完成水位的自动控制。

由图上相似三角形的关系可得：

$$\frac{\Delta P_P}{e} = \frac{a}{b}$$

则：$$\Delta P_p = \frac{a}{b}e = K_P e$$

式中 $K_P = \frac{a}{b}$，就是调节器的放大倍数。

从上述分析可看出，在不同的出水流量情况下，被控变量 $H$ 的稳态值是不同的，即控制结束被控变量有稳态偏差，又叫余差。所以比例控制也称为有差控制。比例控制结束存在余差是它的固有特点。由于 $\Delta P_P = K_P e$，只有当偏差 $e$ 存在时，$\Delta P_P$ 才能存在。

**2.2　比例度 $\delta$**

通常用放大倍数的倒数，即比例度 $\delta$ 表示比例控制作用的强弱。比例度可表示为

$$\delta = \frac{1}{K_P} \times 100\%$$

则：
$$\Delta P_P = \frac{1}{\delta} e$$

$\delta$越大，比例控制作用越弱；$\delta$越小，比例控制作用越强。

### 2.3　比例度 δ 对过渡过程的影响

图2.6所示是不同的比例度$\delta$，在受了干扰后，被控变量$Y$过渡过程的走势曲线。

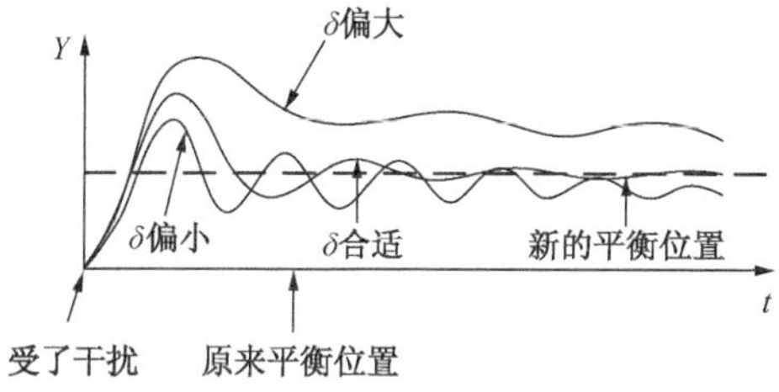


图2.6　比例度 δ 的大小对过渡过程的影响

**特别提醒**

要使比例控制系统正常工作，必须选择一合适的比例度。

### 2.4　比例控制的特点

比例控制比较简单，控制比较及时和稳定，但控制有余差，适用于控制精度要求不高的场合。比例控制规律是一种最基本的控制规律。

**想一想？**

1. 为什么比例控制有余差？
2. 为什么$\delta$越大，比例控制作用越弱？

## 3　积分控制

调节器的输出变化量与输入偏差信号成积分的控制规律，称为积分控制规律，它其实是偏差信号随时间的累积，用I表示，即

$$\Delta P_I = \frac{1}{T_i} \int e \mathrm{d}t$$

式中　$\Delta P_I$——积分调节器的输出变化量；

$T_i$——积分时间。

$T_i$越大，积分控制作用越弱；

$T_i$越小，积分控制作用越强。

如图 2.7 所示，当调节器的输入偏差存在时，其输出变化就不停止，直到输入偏差为零，其输出变化才停止，调节器的输出稳定在某个数值上。积分控制作用在最后达到稳定时，偏差总是等于零的，实现无差控制，这是积分控制的重要特性。

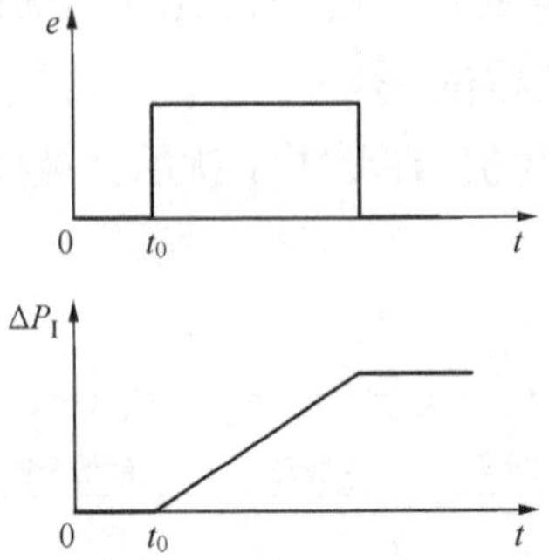


图 2.7 积分调节器的特性

### 3.1 积分控制的特点

积分控制的优点是无余差，实现无差控制；但控制过程缓慢、有滞后、波动较大、不易稳定。因此积分控制规律一般不单独使用。

### 3.2 比例积分控制规律

比例积分控制规律是利用比例控制较及时和稳定，积分控制无余差的特点，是两种控制规律的结合，用 PI 表示，见图 2.8。

即：
$$\Delta P_{PI}=\Delta P_{P}+\Delta P_{I}=\frac{1}{\delta}\left(e+\frac{1}{T_i}\int e\mathrm{d}t\right)$$

### 3.3 积分时间 $T_i$ 对过渡过程的影响

图 2.9 所示是在同一比例度下，不同的积分时间 $T_i$，在受了干扰后，被控变量 $Y$ 过渡过程的走势曲线。

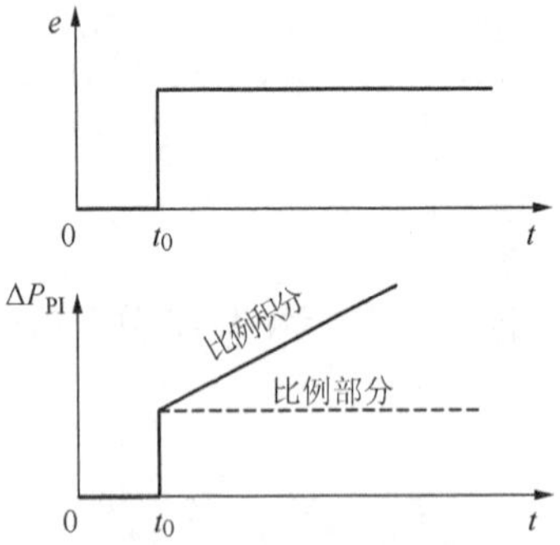


图 2.8 比例积分调节器的特性

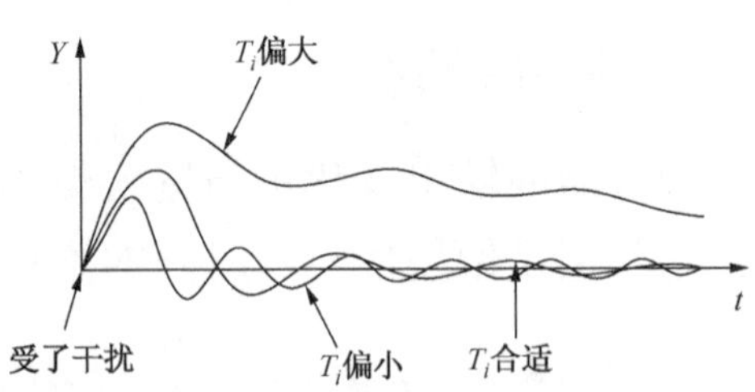


图 2.9 积分时间 $T_i$ 的大小对过渡过程的影响

**特别提醒**

要使比例积分控制系统正常工作，必须选择合适的比例度和积分时间。

**想一想?**

1. 为什么积分控制能实现无差控制?
2. 为什么积分控制一般不单独使用?

## 4 微分控制

调节器的输出变化量与输入偏差信号的变化速度成正比的控制规律，称为微分控制规律，用 D 表示，即

$$\Delta P_{\mathrm{D}} = T_{\mathrm{d}} \frac{\mathrm{d}e}{\mathrm{d}t}$$

式中 $\Delta P_{\mathrm{D}}$——微分调节器的输出变化量；

$T_{\mathrm{d}}$——微分时间；

$\frac{\mathrm{d}e}{\mathrm{d}t}$——偏差信号的变化速度。

$T_{\mathrm{d}}$越大，微分控制作用越强；

$T_{\mathrm{d}}$越小，微分控制作用越弱。

上述理想微分调节器没有实用价值，都采用指数衰减近似微分调节器代之，如图 2.10 所示。

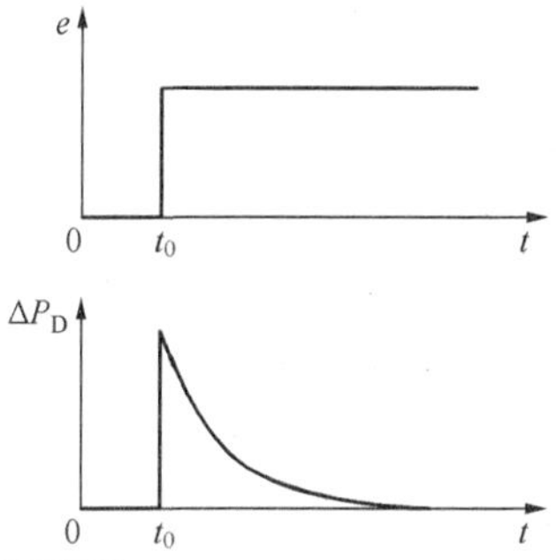


图 2.10 近似微分调节器的特性

微分控制主要用于容量滞后大、控制反应慢的对象，比如温度控制。它是根据被控变量变化速度的大小来操作调节阀的，而不是等被控变量已经出现较大偏差以后才开始动作，这等于赋予调节器以某种程度的预见性。但其在偏差信号不变时，输出总是零，无控制作用。

### 4.1 微分控制的特点

微分控制有超前作用，存在余差，易波动，不能单独使用。

### 4.2 比例微分控制规律

比例微分控制规律是利用比例控制较稳定，微分控制有超前作用的特点，是两种控制规律的结合，用 PD 表示，见图 2.11。

即：

$$\Delta P_{\mathrm{PD}} = \Delta P_{\mathrm{P}} + \Delta P_{\mathrm{D}} = \frac{1}{\delta}\left(e + T_{\mathrm{d}} \frac{\mathrm{d}e}{\mathrm{d}t}\right)$$

## 4.3 微分时间 $T_d$ 对过渡过程的影响

图 2.12 所示是在同一比例度下，不同的微分时间 $T_d$，在受了干扰后，被控变量 $Y$ 过渡过程的走势曲线。

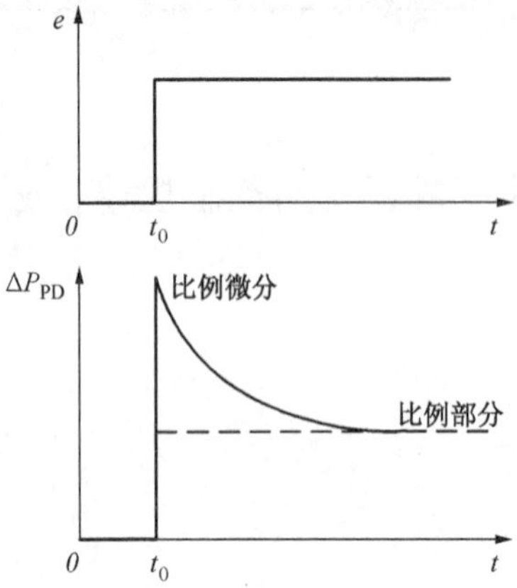


图 2.11 比例微分调节器的特性

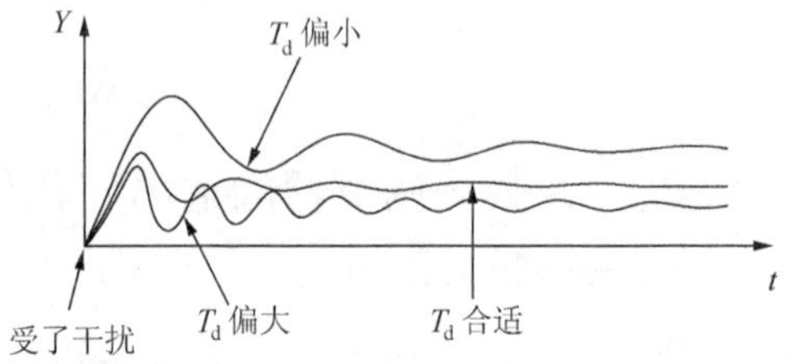


图 2.12 微分时间 $T_d$ 的大小对过渡过程的影响

**特别提醒**

要使比例微分控制系统正常工作，必须选择合适的比例度和微分时间。

## 4.4 比例积分微分控制规律

在容量滞后大而又要消除余差的场合，应用比例积分微分控制规律，用 PID 表示，见图 2.13。

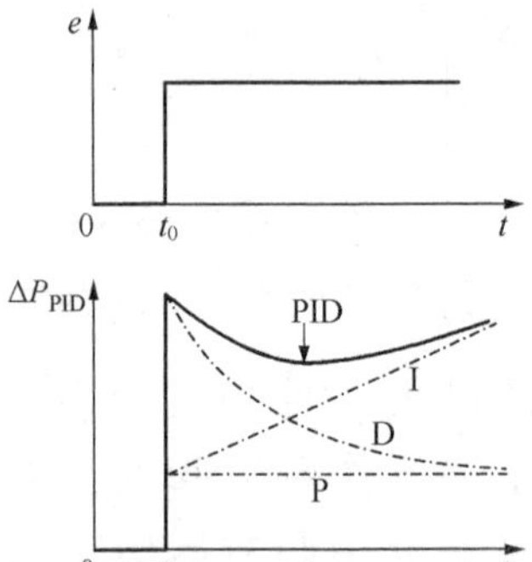


图 2.13 比例积分微分调节器的特性

即：
$$\Delta P_{PID} = \Delta P_P + \Delta P_I + \Delta P_D = \frac{1}{\delta}\left(e + \frac{1}{T_i}\int e\mathrm{d}t + T_d \frac{\mathrm{d}e}{\mathrm{d}t}\right)$$

或：
$$\Delta P_{PID} = \Delta P_P + \Delta P_I + \Delta P_D = K_P\left(e + \frac{1}{T_i}\int e\mathrm{d}t + T_d \frac{\mathrm{d}e}{\mathrm{d}t}\right)$$

对于一台实际的 PID 调节器

- 置 $T_d=0$，成 PI 调节器；
- 置 $T_i \to \infty$，成 PD 调节器；
- 置 $T_d=0$，$T_i \to \infty$，成 P 调节器。

## 5　各种控制规律过渡过程比较

在选择各自合适的 PID($\delta$、$T_i$、$T_d$)参数的情况下，比较各种控制规律在受了干扰后，被控变量 $Y$ 过渡过程的走势曲线，见图 2.14。

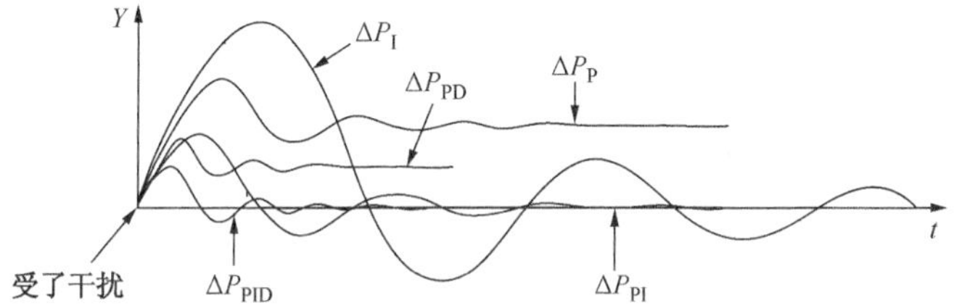


图 2.14　各种控制规律过渡过程比较

## 6　P、I、D 控制规律总结(表 2.1)

表 2.1　P、I、D 控制规律总结

| 控制规律 | 数学特性式 | 特性参数 | 控制依据 | 特性参数对控制作用强弱的影响 | 特　点 |
|---|---|---|---|---|---|
| P | $\Delta P_P=\frac{1}{\delta}e$ | $\delta$ | 偏差的大小 | $\delta$ 越小，控制作用越强 | 控制及时，存在余差 |
| I | $\Delta P_I=\frac{1}{T_i}\int e\mathrm{d}t$ | $T_i$ | 偏差是否存在 | $T_i$ 越小，控制作用越强 | 消除余差，存在滞后 |
| D | $\Delta P_D=T_d\frac{\mathrm{d}e}{\mathrm{d}t}$ | $T_d$ | 偏差的变化速度 | $T_d$ 越大，控制作用越强 | 超前控制，存在余差 |

### 小结

常用的控制规律有 P、PI、PD、PID，根据不同的生产要求而选用。在容量滞后大而又要求消除余差的场合，广泛应用比例积分微分控制规律，习惯上常用 PID 表示。它是以比例作为基本控制规律，以微分的超前作用克服容量滞后，以积分作用最后消除余差。只要 PID 调节器的三个参数($\delta$、$T_i$、$T_d$)选择适当，就能充分发挥三种控制作用的优点，满足生产过程对自动控制的一般要求。

**想一想?**

1. 为什么说微分控制有预见性?
2. 微分控制能单独使用吗?

# 任务二　认识 DDZ－Ⅲ型调节器

DDZ－Ⅲ型调节器属于模拟式调节器。它以来自变送器或转换器的 1～5V 直流电压测量信号作为输入信号，与 1～5V 直流电压设定信号相比较得到偏差信号，然后对此信号进行 PID 运算后，输出 4～20mA 直流电流控制信号，以实现对工艺变量的控制。

## 1　调节器基本功能

- PID 运算功能。
- 测量值、给定值(设定值)与偏差显示。
- 输出显示。
- 手动与自动的双向切换。
- 内、外给定信号的选择。
- 正、反作用的选择。

## 2　调节器的特点

- 采用国际标准信号制。现场传输信号为 4～20mA DC，控制室联络信号为 1～5V DC，信号电流和电压的转换电阻为 250Ω。
- 采用线性集成电路，可靠性提高。
- 采用 24V DC 电源统一集中供电。
- 自动、手动的切换是以双向无扰动的方式进行的。
- 整套仪表可构成安全火花型防爆系统。

## 3　调节器的组成和使用

DDZ－Ⅲ型调节器有两个基型品种：全刻度指示型、偏差指示型。

以全刻度指示的基型调节器为例：

### 3.1　组成

DDZ－Ⅲ型调节器主要由输入电路、给定电路、PID 运算电路、自动与手动(包括硬手动和软手动两种)切换电路、输出电路及指示电路等组成，如图 2.15 所示。

见图 2.16，它的正面表盘上装有两个指示表头。其中一个双针指示表有两个指针，黑针为给定信号指针，红针为测量信号指针。另一个输出指示表可以指示调节器输出信号的大小。

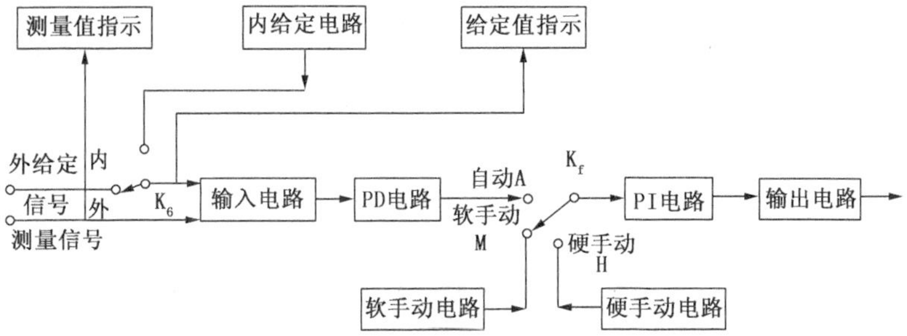


图 2.15 **DDZ－Ⅲ型控制器结构方框图**

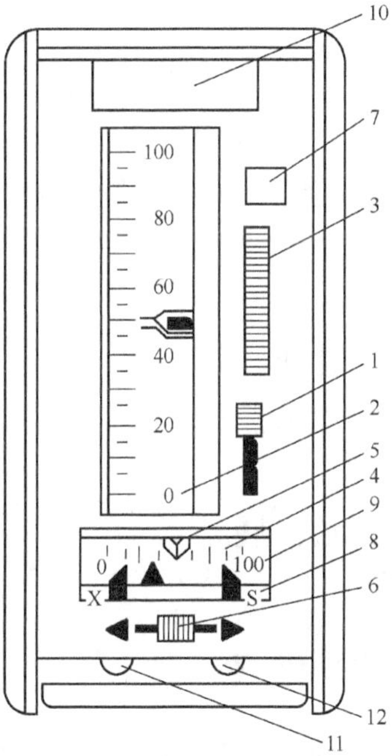


图 2.16 **DTL－3110 型调节器正面图**

1—自动－软手动－硬手动切换开关；2—双针垂直指示器；3—内给定设定轮；4—输出指示器；5—硬手动操作杆；6—软手动操作板键；7—外给定指示针；8—阀位指示器；9—输出记录指示；10—位号牌；11—输入检测插孔；12—手动输出插孔

### 3.2 使用

调节器的工作状态有“自动”、“软手动”、“硬手动”及“保持”四种。

当调节器处于“自动”状态时，测量信号与设定信号通过输入电路进行比较，由比例微分电路、比例积分电路对其偏差进行 PD 和 PI 运算后，再经过电路转换为 4～20mA 直流电流，作为调节器的输出信号，去控制调节阀。

当调节器处于“保持”状态(即它的输出保持切换前瞬间的数值)时，若同时将调节器切换到“软手动”状态，输出可按快或慢两种速度增加或减小。当调节器处于“硬手动”状态时，调节器的输出与手操电压成比例，即输出值与硬手动操作杆的位置一一对应。

调节器还设有“正”、“反”作用选择开关，内、外设定开关，PID 参数调整旋钮等，以满足控制系统的控制要求。

**想一想？**

上述调节器上的偏差如何读取？

## 任务三　认识 KMM 可编程序调节器

KMM 型可编程序调节器是一种常用的单回路数字控制器，它以微处理机为核心，接收和输出都可以是 4～20mA DC 标准的模拟量信号；内部处理信号为数字量，可由用户编制程序，可组成多种控制规律的一种数字式过程控制仪表。

### 1　主要特点

- 实现了仪表与计算机一体化。
- 具有丰富的运算、控制能力。
- 通用性强，使用方便。
- 具有通信功能，便于系统扩展。
- 可靠性高，维修方便。

### 2　调节器的面板及其功能键

KMM 型可编程序调节器的面板设计和操作与 DDZ－Ⅲ型调节器相似，见图 2.17。

### 3　调节器的运行方式

正常运行方式

- 手动（MAN）方式。
- 自动（AUTO）方式。
- 串级（CAS）方式。
- 跟踪（FOLLOW）方式。

异常运行方式

- 联锁手动（IM）方式。
- 后备（S）运行方式。

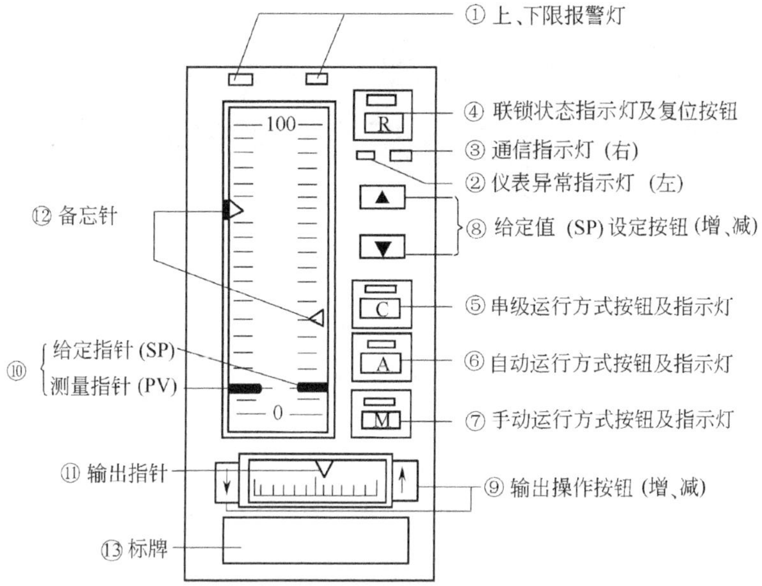


图 2.17 KMM 型可编程调节器正面图

## 4 调节器的组成

KMM 型可编程调节器由硬件部分和软件部分组成。

硬件部分

主机电路、模拟量输入/输出电路、数字量输入/输出电路、输入/输出接口。

软件部分

系统程序、用户程序。

# 任务四 认识 AI 智能调节器

AI 智能调节器采用了先进的模块化设计。它以微型计算机为核心，功能完善，性能优越，能解决模拟式仪表难以解决的问题，满足现代生产过程的高质量控制要求，见图 2.18。

## 1 主要特点

- 人性化设计的操作方法，非常方便易学。
- 通用性强，技术成熟可靠。
- 提供多个型号，能广泛满足各种应用场合的需要。
- 测量精确稳定。

图2.18　AI智能调节器

▸▸ 采用先进的AI人工智能调节算法，无超调，具备自整定(AT)功能。

## 2　AI－808P型智能调节器面板说明

面板示意如图2.19所示。其中：

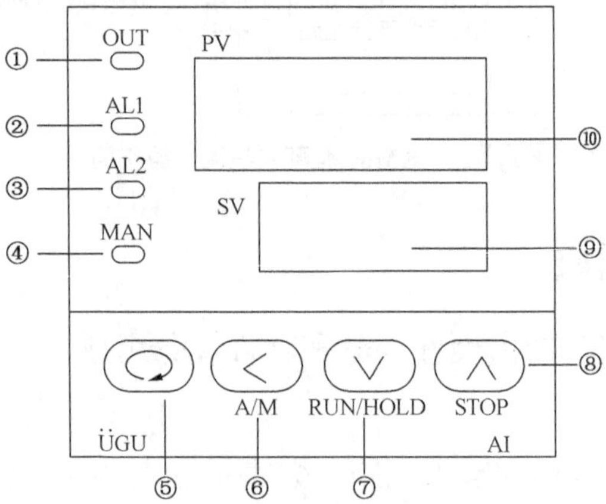


图2.19　AI－808P型智能调节器面板

① 输出指示灯；
② 报警1指示灯；
③ 报警2指示灯；
④ 手动调节指示灯；
⑤ 显示转换(兼参数设置进入)；
⑥ 数据移位(兼手动/自动切换及程序设置进入)；
⑦ 数据减少键(兼程序运行/暂停操作)；
⑧ 数据增加键(兼程序停止操作)；
⑨ 给定值显示窗；
⑩ 测量值显示窗。

## 3　AI－808P型智能调节器操作说明(图2.20)

简易操作说明

▸▸ 显示切换：按(⟲)键可以切换不同的显示状态。AI－808P可在①、②、③、④等4种状态下切换。

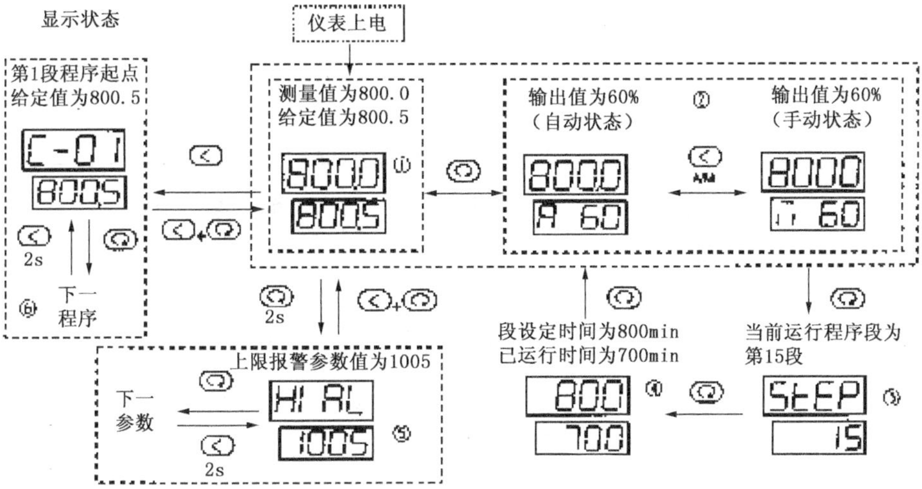


**图 2.20　AI－808P 型智能调节器操作说明**

▶▶ 要改变设定值，请点击一下<键，这时 SV 窗小数点闪烁，按△键或▽键增加或减少数据。

▶▶ 按<键可移动修改数据的位置，按△、▽键可增加或减少数据值，设定完成后 6s 自动复位。

▶▶ 手动/自动切换：在显示状态②下，按 A/M 键(即<键)，可以使仪表在自动及手动两种状态下进行无扰动切换。在显示状态②且仪表处于手动状态下，直接按△键或▽键可增加及减少手动输出值。

▶▶ 设置参数：在基本状态(显示状态①或②)下按↺键并保持约 2s，即进入参数设置状态(显示状态⑤)。在参数设置状态下按↺键，仪表将依次显示各参数，例如上限报警值 HIAL、参数锁 LOC 等等，对于配置好并锁上参数锁的仪表，只出现操作工需要用到的参数(现场参数)。用<、△、▽等键可修改参数值。按<键并保持不放，可返回显示上一参数。先按<键不放接着再按↺键可退出设置参数状态。如果没有按键操作，约 30s 后会自动退出设置参数状态。

▶▶ 启动自调整，按<键并保持 3s，等仪表的 SV 窗显示 AT 再放开，自整定开始，如果提前终止自整定，再按<键并保持到 SV 窗 AT 字样不显示，再放开，自整定终止。通常自整定只需操作一次即可。

▶▶ LOC 为数据锁功能，当 LOC＝0 时允许设置现场数据，当 LOC＝2 时不允许改变已设数据值。LOC＝808 为开锁功能。

**想一想？**

1. KMM 型可编程调节器内部带 CPU 了吗？内部处理信号是模拟量还是数字量？

2. AI－808P 型智能调节器有几种显示状态？

**内容拓展**

# 任务五　认识可编程控制器（PLC）

可编程控制器(Programmable Logic Controller，简称 PLC)是一种专为在工业环境下应用而设计的数字运算操作的电子装置，它采用了可以编程的存储器，在其内部存储执行逻辑运算、顺序控制、定时、计数和算术运算等操作的指令，并通过数字式或模拟式的输入和输出来控制各类机械或生产过程。

## 1　主要特点

- 可靠性高、抗干扰能力强。
- 功能强、适应面广。
- 通用性强、使用方便。
- 编程简单、易于掌握。
- 系统设计、安装、调试时间少。
- 体积小、质量轻、耗电少、维修方便。

## 2　PLC 的分类

### 2.1　按 I/O 点数和存储容量分类

**小型 PLC**

I/O 点数在 256 点以下，用户存储容量为 4kB 以下。

**中型 PLC**

I/O 点数在 256 ~ 2048 点之间，用户存储容量为 2 ~ 8kB。

**大型 PLC**

I/O 点数在 2048 点以上，用户存储容量达 8kB 以上。

### 2.2　按 PLC 的结构分类

有整体式、模块式和叠装式三种结构形式，见图 2.21。

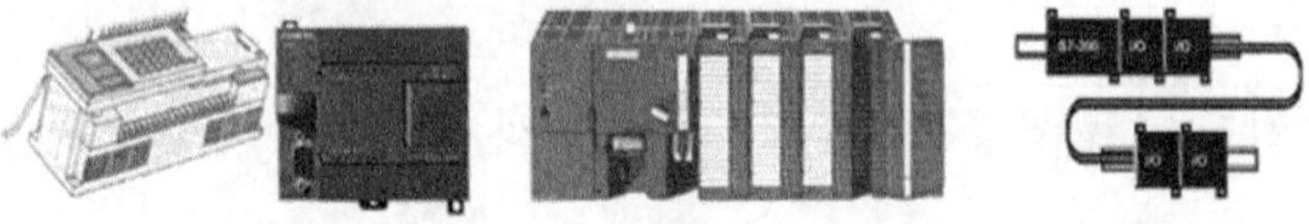

整体式　　模块式　　叠装式

图 2.21　PLC 的结构形式

## 3 PLC 的应用

▸▸ 开关量的逻辑控制。遍及许多行业，如机床电气控制、电梯运行、汽车装配等。

▸▸ 闭环过程控制。可以实现对温度、压力、流量、液位等连续变化量的 PID 控制。

▸▸ 运动控制。用于直线运动和圆周运动的控制。

▸▸ 数据处理。具有数学运算、数据传递等功能。

▸▸ 通信联网。能用于 PLC 与 PLC、PLC 与上位机以及其他智能设备之间的通信，构成“集中管理、分散控制”的分布控制系统。

## 4 PLC 的基本组成

PLC 主要由 CPU 模块、存储器、输入/输出模块、电源模块和外部设备组成，见图 2.22。

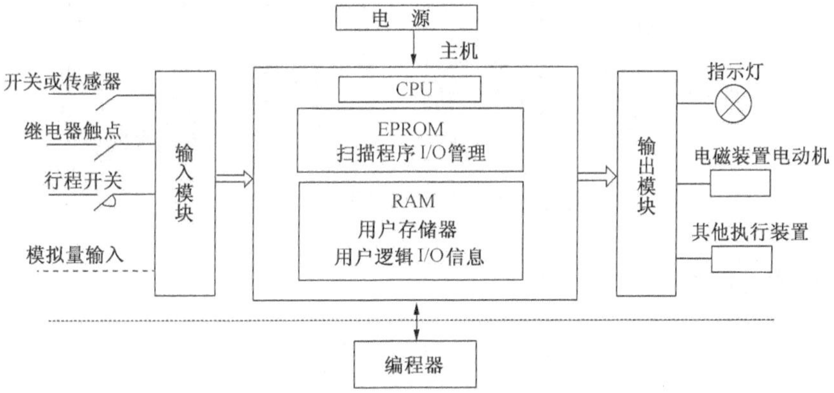


图 2.22 PLC 的硬件结构框图

## 5 PLC 基本工作原理

PLC 采用循环扫描工作方式。以下五个阶段构成 PLC 工作的一个周期，PLC 按工作周期方式周而复始地循环工作，完成对被控对象的数据采集和控制，见图 2.23。

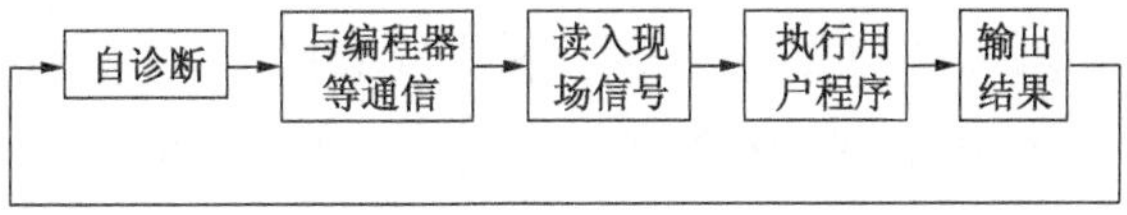


图 2.23 PLC 工作过程框图

## 6　PLC的主要性能指标

- 输入/输出点数。
- 存储容量。
- 扫描速度。
- 编程语言及指令功能(大多采用梯形图语言)。
- 其他指标(包括可扩展性、可靠性、易操作性及经济性等)。

# 任务六　认识 S7 - 300PLC

德国西门子公司的 S7 - 300 可编程控制器是一种在石化企业应用比较普遍的中型 PLC，它采用模块化结构，硬件配置灵活，扩展性好，可靠性高，能满足中等性能使用的要求，见图 2.24。

图2.24　S7 - 300 可编程控制器

## 1　主要功能

- 对数字量和开关量信号进行各种逻辑运算和控制。
- 可实现模拟信号的 PID 控制。
- 可以实现各种复杂控制和先进控制。
- 可以方便地实现与其他控制系统的数据通信。
- 可以实现操作员与过程之间的通信和过程可视化。
- 根据被控对象的重要性和安全性要求，可以组成热备冗余的容错系统。

## 2　硬件系统基本结构

它的主要组成部分有导轨(RACK)、电源模块(PS)、中央处理单元(CPU)、信号模块(SM)、功能模块(FM)、接口模块(IM)、通信处理器(CP)等，见图 2.25。各种模块能以不同方式组合在一起，从而可使控制系统设计更加灵活，满足不同的应用需求。

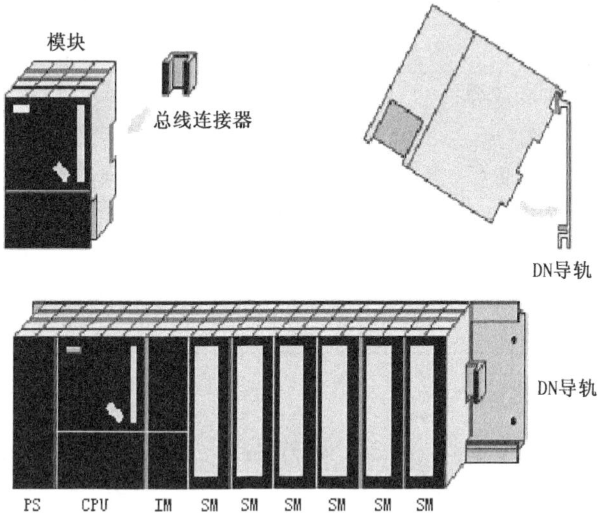

图 2.25　S7－300 的安装

## 3　S7－300 通信形式

S7－300 具有多种不同的通信接口：

» 多种通信处理器用来连接 AS－I 接口、PROFIBUS 和工业以太网总线系统。

» 通信处理器用来连接点到点的通信系统。

» 多点接口(MPI)集成在 CPU 中，用于同时连接编程器、PC 机、人机界面系统及其他 SIMATIC S7/M7/C7 等自动化控制系统。

## 4　CPU 模块

CPU 是 PLC 的核心，每台 PLC 至少有一个 CPU。CPU 均封装在一个牢固而紧凑的塑料机壳内，面板上有状态和故障指示 LED、方式选择钥匙开关、MPI 接口。大多数 CPU 还有后备电池盒、存储器插槽(可插入最多4M 字节的存储器卡(Flash EPROM)用于掉电后程序的存储)。

### 4.1　LED 用于状态和故障显示的含义

CPU315－2 DP 面板上有七个 LED 指示灯，显示运行状态和故障，表 2.2 列出了用于状态和故障显示的发光二极管 LED 的含义。

### 4.2　CPU 的运行模式

CPU 有四种操作模式：STOP(停机)、STARTUP(启动)、RUN(运行)和 HOLD(保持)。

**表 2.2　CPU315-2 DP 面板上有七个 LED 指示灯的含义**

| 发光二极管 LED | 含　义 | 说　明 |
|---|---|---|
| SF(红色) | 系统错误/故障 | 硬件或软件故障时灯亮 |
| BATF(红色) | 电池故障 | 电池失效或未装入时灯亮 |
| DC.5V(绿色) | 用于 CPU 和 S7-300 总线的 5V DC 电源 | 如果内部的 5V 直流电源正常，则灯亮 |
| FRCE(黄色) | 保留专用 | |
| RUN(绿色) | 系统运行状态 | |
| STOP(红色) | 系统停机状态 | |
| BUSF(红色) | 指示现场总线及 DP 接口错 | |

### 4.3　模式选择开关

S7-300 的 CPU 模式选择开关有四种工作方式，通过可卸的专用钥匙控制：

- RUN-P(可编程运行方式)。
- RUN(运行方式)。
- STOP(停机方式)。
- MRES(清存储器方式)。

## 5　S7-300PLC 在过程控制实验中的应用

S7-300PLC 可编程控制器广泛用于化工操作实验室的各种过程控制，如图 2.26 和图 2.27 所示。

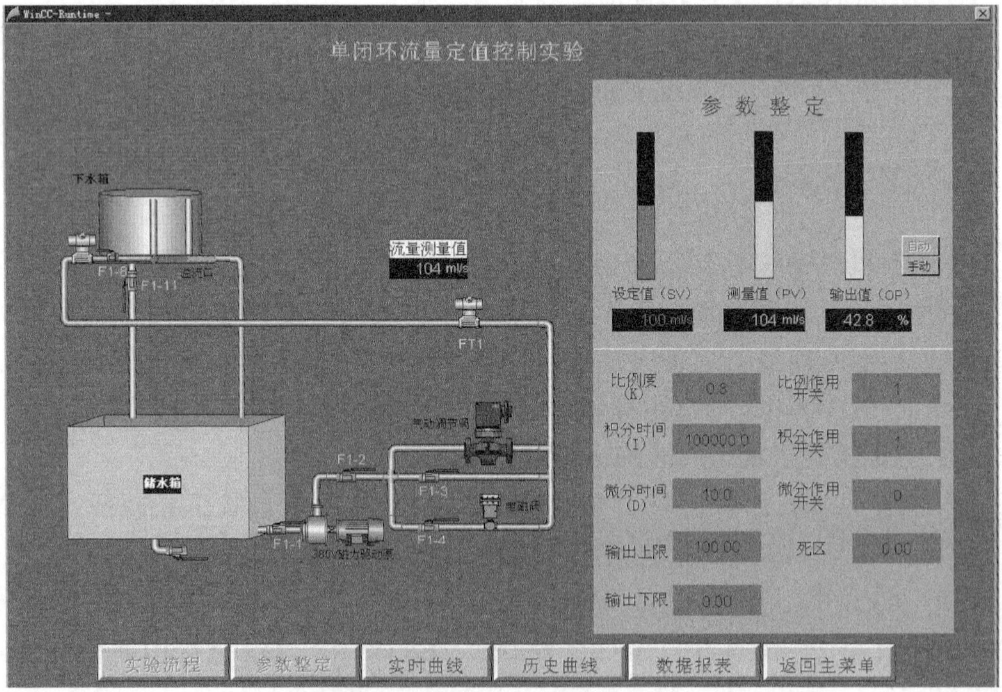


图 2.26　**PLC 在过程控制实验中的应用**

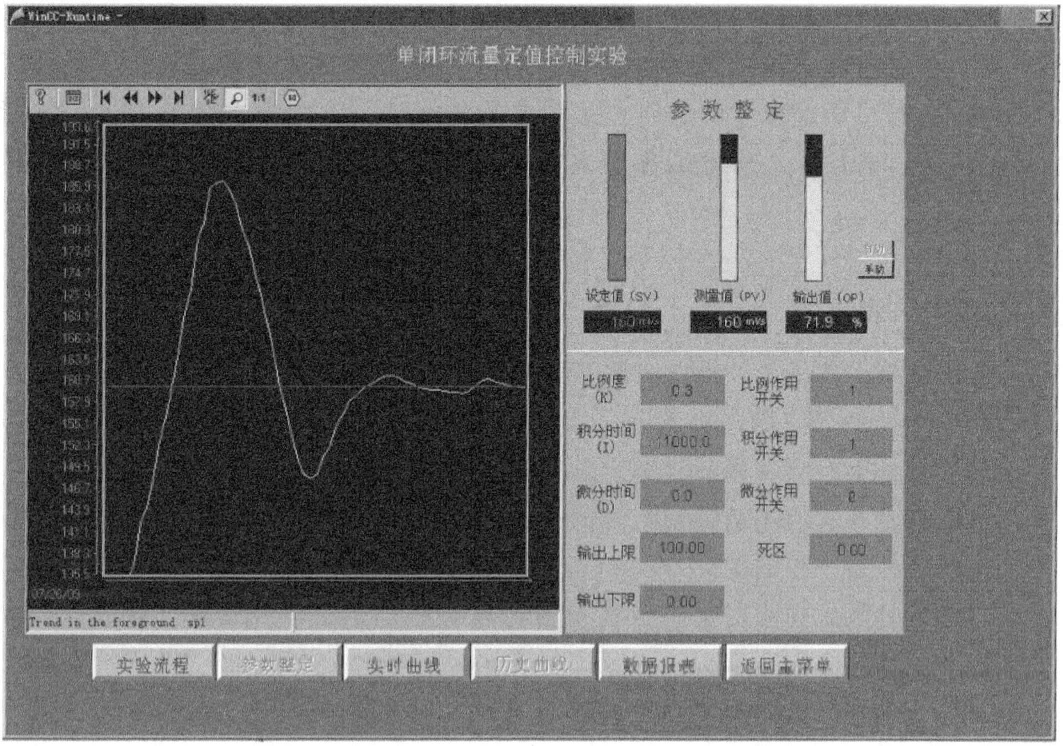


图 2.27 PLC 在过程控制实验中走势曲线

**知识窗**

## PLC 发展新动向

PLC 是一种专门为在工业环境下应用而设计的数字运算操作的电子装置。它采用可以编制程序的存储器，用来在其内部存储执行逻辑运算、顺序运算、计时、计数和算术运算等操作的指令，并能通过数字式或模拟式的输入和输出，控制各种类型的机械或生产过程。PLC 已经广泛应用于钢铁、石油、化工、电力、建材、机械制造、汽车、轻纺、交通运输、环保及文化娱乐等各个行业，它具有高可靠性、抗干扰能力强、功能强大、灵活、易学易用、体积小、质量轻、价格便宜的特点。

PLC 技术发展呈现新的动向：

①产品规模向大、小两个方向发展。大：I/O 点数达 14336 点、32 位微处理器、多 CPU 并行工作、大容量存储器、扫描速度高速化。小：由整体结构向小型模块化结构发展，增加了配置的灵活性，降低了成本。②PLC 在闭环过程控制中应用日益广泛。③不断加强通信功能。④新器件和模块不断推出：高档的 PLC 除了主要采用 CPU 以提高处理速度外，还有带处理器的 EPROM 或 RAM

的智能I/O模块、高速计数模块、远程I/O模块等专用化模块。⑤编程工具丰富多样：功能不断提高，编程语言趋向标准化，有各种简单或复杂的编程器及编程软件，采用梯形图、功能图、语句表等编程语言，亦有高档的PLC指令系统。⑥发展容错技术，采用热备用或并行工作、多数表决的工作方式。⑦追求软硬件的标准化。

## 练一练

1. 什么是调节器的控制规律？调节器有哪些基本控制规律？

2. 双位控制有何特点？适用于什么场合？

3. 什么是比例控制规律？为什么单纯的比例控制会产生余差？

4. 比例调节器的比例度对控制过程有什么影响？

5. 什么是积分控制规律？为什么积分控制能消除余差？

6. 积分时间的大小对控制过程有什么影响？

7. 为什么积分控制规律一般不单独使用？

8. 什么是微分控制规律？它的特点是什么？

9. 调节器中加入微分作用对控制过程有什么好处？为什么不能采用纯微分控制的调节器？

10. 微分时间的大小对控制过程有什么影响？

11. 比例积分微分调节器的控制规律是怎样的？它有什么特点？

12. 在DDZ－Ⅲ型调节器中，操作状态有几种？

13. 什么是KMM型可编程序调节器？有何特点？

14. KMM调节器的正常运行方式包括哪些？异常运行方式包括哪些？

15. AI智能调节器有什么特点？

16. 什么是可编程序控制器(PLC)？有何特点？如何分类？

17. 试述PLC的组成和工作原理。

18. 试述S7－300PLC的主要功能。

# 单元三　控制阀

**单元目标**

（1）理解控制阀在自动控制系统中的作用。
（2）理解控制阀和调节阀的分类、特点和应用。
（3）了解调节阀的主要附件与作用。
（4）了解气动调节阀的选用。
（5）能操作调节阀。

控制阀是自动控制系统中一个重要的组成部分，它接受来自控制器的控制信号，使其阀开度产生相应的变化，从而改变工艺介质的流量，使生产过程按预定要求正常进行。化工生产中用到各种控制阀，如图 3. 1 所示。

直行程控制阀　　角行程控制阀

图 3. 1　各种控制阀

## 任务一　认识控制阀

在自动控制系统中，控制阀代替人的操作，起了“手”的作用。按使用场合，有切断(二位)控制阀和调节阀之分。

### 1　切断(二位)控制阀

如图 3. 2 所示，切断(二位)控制阀也称全开全关型控制阀，大多采用气动活塞结构，有常开控制阀和常闭控制阀两种(无阀门定位器)。电磁阀控制去气动活塞机构(图 3. 3)的气信号，开、关控制阀。切断(二位)控制阀加上附件——阀门定位器后，可用作调节阀。

图3.2 切断(二位)控制阀

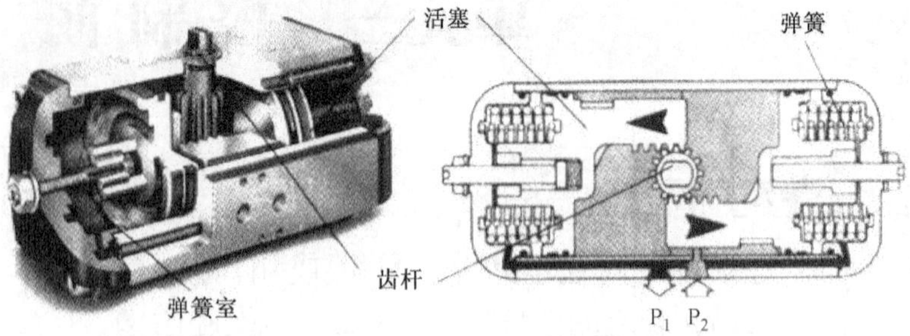


图3.3 气动活塞执行机构(角行程)结构示意图

**说 明**

常开二位控制阀：没有输入控制信号时阀全开，输入控制信号时阀全关。
常闭二位控制阀：没有输入控制信号时阀全关，输入控制信号时阀全开。

电磁阀是最常用的，结构简单的直接控制动作的切断(二位)控制阀，它依靠电磁力工作，主要用于小口径阀，如图3.4所示。

(a) 电磁阀实物图

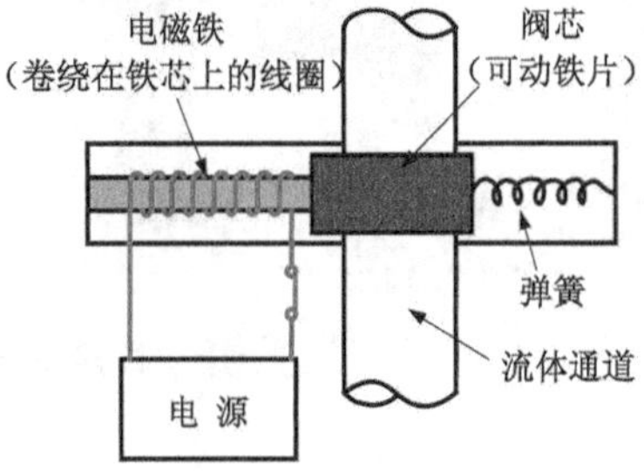


(b) 电磁阀原理图

图3.4 电磁阀

## 2 调节阀

根据调节器输出控制信号的大小，来确定阀开度的大小，从而调节管道介质的流量，阀开度可在0～100%之间。

**想一想?**

家中洗衣机的进出口水阀、抽水马桶进水阀分别属于什么类型阀？可以调节流量吗？

洗衣机

抽水马桶

## 任务二　认识调节阀

### 1　调节阀的类型

调节阀按照使用的能源来分可分为气动薄膜调节阀、气动活塞调节阀、液动活塞调节阀和电动调节阀，其中气动薄膜调节阀使用最为广泛。

气动薄膜调节阀

如图 3.5 所示，其特点：结构简单、安全性好、反应慢、推动力适中。

主要部件构成与作用：

气动薄膜调节阀主要由两部分组成，包括执行机构和调节机构，如图 3.6 所示。

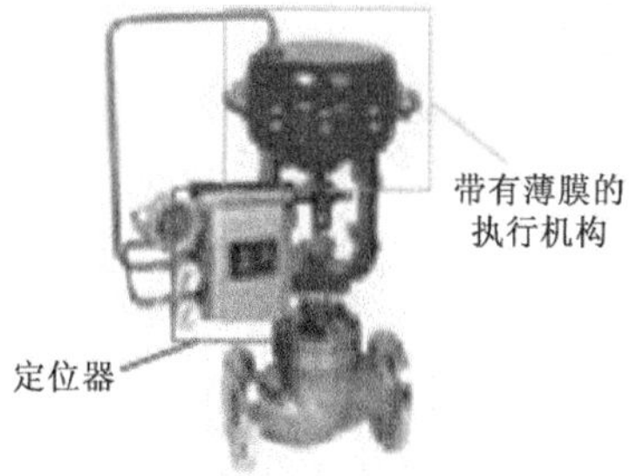


图 3.5　气动薄膜调节阀

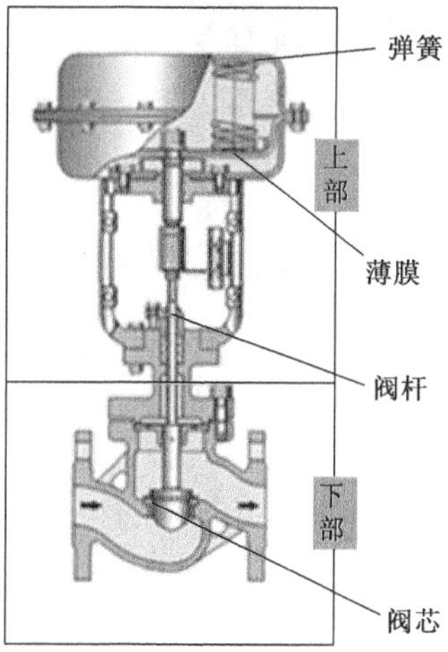


图 3.6　气动薄膜调节阀结构图

执行机构(上部)

执行机构接受输入的气信号(通常是 20 ~ 100kPa)并转换成弹簧的压缩量或拉伸量 $\Delta X$，也即阀杆的位移量 $\Delta X$。

气信号(20~100kPa)可以从薄膜上方通入，也可以从薄膜下方通入。

» 调节机构(下部)

阀杆带动阀芯产生位移量 $\Delta X$，从而改变了调节阀阀开度，改变了工艺介质的流量。

气动活塞调节阀

如图 3.7 所示，带有阀门定位器。其特点：结构简单、安全性好、反应较慢、推动力较大。

液动活塞调节阀

其特点：整套装置复杂、安全性好、推动力大、很少使用。

电动调节阀

如图 3.8 所示，其特点：结构较复杂、安全性较差、反应快、推动力较小。

角行程　　直行程

图 3.7 气动活塞调节阀

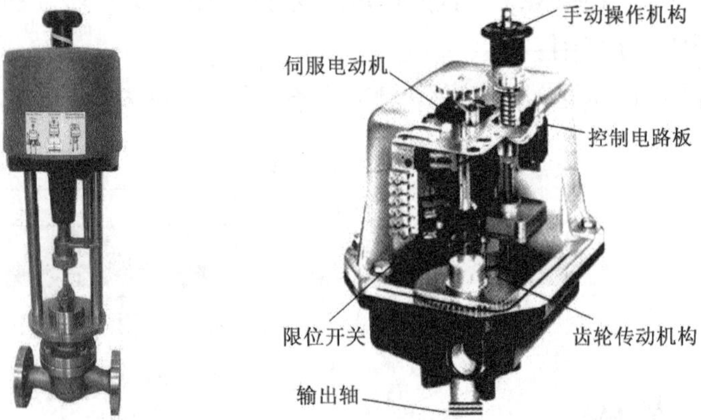


实物图　　电动执行机构结构示意图

图 3.8 电动调节阀

**说明**

某些新型防爆电动调节阀其安全性好。

## 2 调节阀作用形式

整个调节阀(包括阀门定位器)有气开式和气关式两种作用形式。

① 气开式调节阀(FC 故障关)：没有输入控制信号或控制信号最小时阀全关，随着控制信号增加时阀开大。气开式调节阀也称正作用调节阀。

② 气关式调节阀(FO 故障开)：没有输入控制信号或控制信号最小时阀全开，随着控制信号增加时阀关小。气关式调节阀也称反作用调节阀。

**说明**

调节阀的执行机构、调节机构和阀门定位器都有正反作用。

> 早期的调节器输出的控制信号大多是气信号(20 ~ 100kPa)去控制调节阀，故习惯把调节阀分为气开式和气关式；现在的调节器输出的控制信号大多是电信号(4 ~ 20mA)去控制调节阀。

气开式和气关式调节阀的选择主要从生产工艺的安全来考虑。

例题：如图 3.9 所示，燃料油进口调节阀应选用气开式。当生产装置出现停电等停车事故时，调节器的输出控制信号没有或最小，燃料油应停止输入，阀全关。

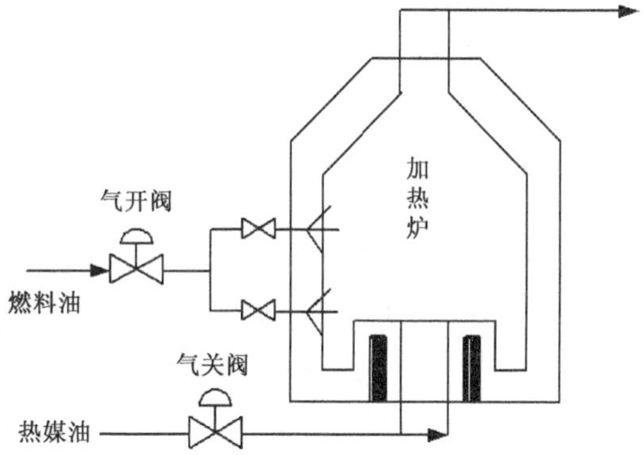


图 3.9 加热炉两个调节阀形式的选择

热媒油进口调节阀应选用气关式。当生产装置出现停电等停车事故时，为防止热媒油管空烧，不能停止输入热媒油，阀全开。

## 3 调节机构结构形式

调节机构的结构形式应根据工艺条件(温度、压力及介质的物理、化学性质)来选择。调节机构有多种结构形式，其特点也各异，如图 3.10 所示。

**说明**

一般调节阀的调节机构尽可能选用截止阀型，因为截止阀型最便于调节流量，它的流量大小与阀开度成线性或等百分比关系，其他类型的阀则不是。

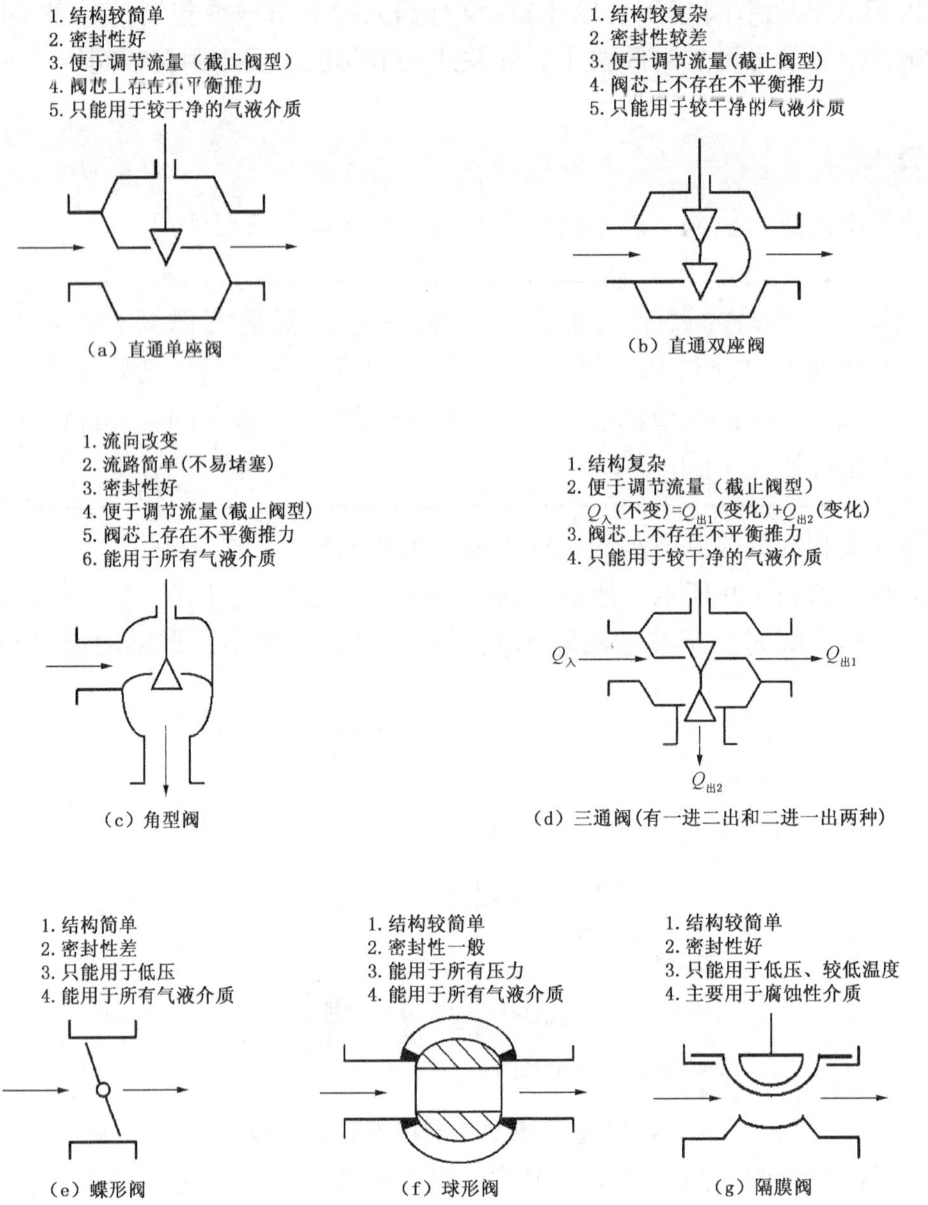


**图3.10　多种调节阀及其特点**

**想一想？**

有一直向输送精对苯二甲酸(PTA)浆料的管道，工作压力为1.7MPa，要安装一调节阀，试选用一合适的调节机构结构类型。

## 4　调节阀的选用

调节阀的选用应根据所使用的工况条件，从调节阀的尺寸、压力等级、执行机构和调节机构的结构形式、正反作用、流量特性和主要附件等多方面来考虑。

## 5　调节阀主要附件及其作用

调节阀的主要附件有电气阀门定位器、手轮和过滤减压阀等。其连接方式如图3.11所示。

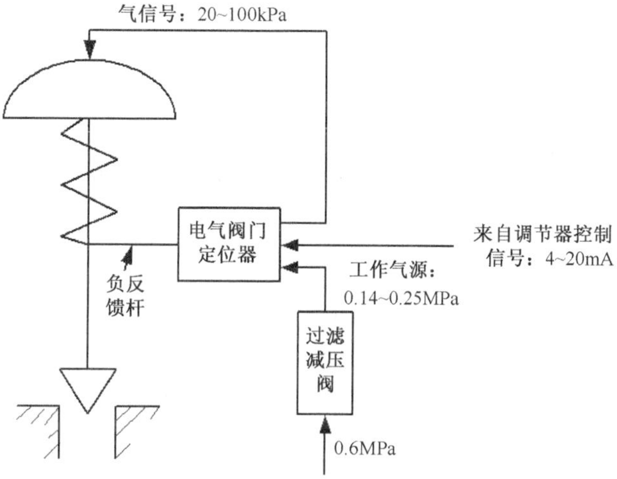


图3.11　阀门定位器、过滤减压阀与调节阀典型连接图

**电气阀门定位器的作用**

- 将来自调节器的电信号(4～20mA DC)转换成薄膜工作所需要的气信号(通常是20～100kPa)。
- 提高调节阀的定位精度。
- 作分程控制。

**手轮的作用**

在执行机构不能正常工作的情况下，用手轮操作做紧急处理，以满足工艺生产需要。

**过滤减压阀的作用**

- 进一步过滤仪用空气中的杂质，确保阀门定位器正常使用。
- 降低仪用空气的压力，使其维持在正常工作气源压力(0.14～0.25MPa)下。

电气阀门定位器

带有手轮的执行机构

过滤减压阀

# 任务三　操作调节阀

## 1　调节阀的操作

操作准备

如图 3.12 所示，首先检查管线上各阀及连接处是否完好，检查相关控制仪表和检测仪表是否完好。

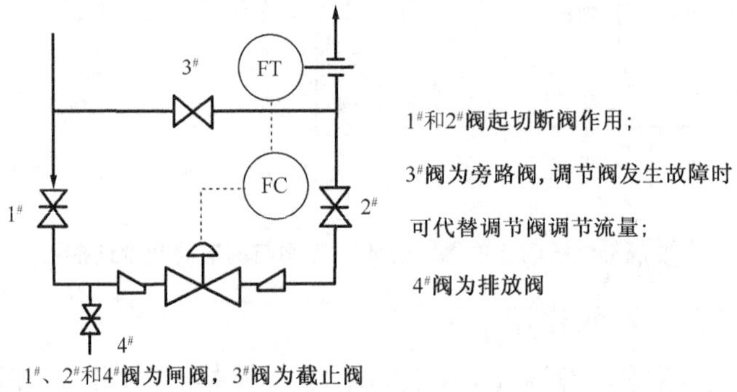


图 3.12　一组调节阀管线连接图

操作步骤

- 打开 1#、4#手动阀，关闭 2#和 3#手动阀，排放废水、杂质。
- 打开 1#、2#手动阀，关闭 3#和 4#手动阀。
- 调节器置“手动”位置，逐步增大调节器输出，观察调节阀动作情况，同时观察管线上流量变化情况。
- 当流量达到所需值并稳定后，调节器由“手动”切换到“自动”位置。

内容拓展

如图 3.13 所示，带有联锁的气动薄膜调节阀各附件连接图。联锁电磁阀采用常闭电磁阀形式。正常工作时联锁电磁阀打开；当工艺参数越限、工艺设备故障、联锁部件失电或元件本身故障时联锁电磁阀关闭，切断执行机构气信号（20～100kPa），调节阀联锁动作。

各种控制阀符号介绍：

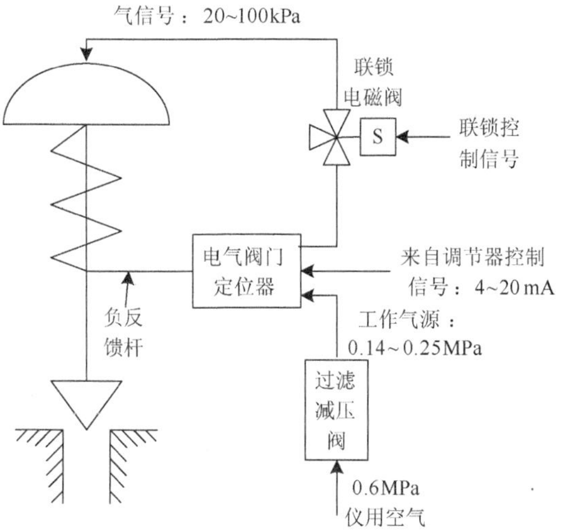


**图 3.13 带有联锁气动薄膜调节阀各附件连接图**

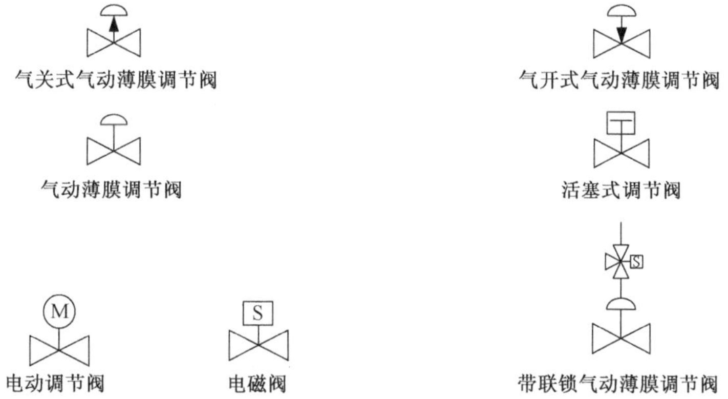


## 练一练

1. 简述图 3.1 中各阀的名称、用途和特点。
2. 气动薄膜调节阀有哪些主要部件？其作用分别是什么？
3. 何谓气开式和气关式调节阀？
4. 试分析下面两换热器的调节阀选用气开式还是气关式？为什么？

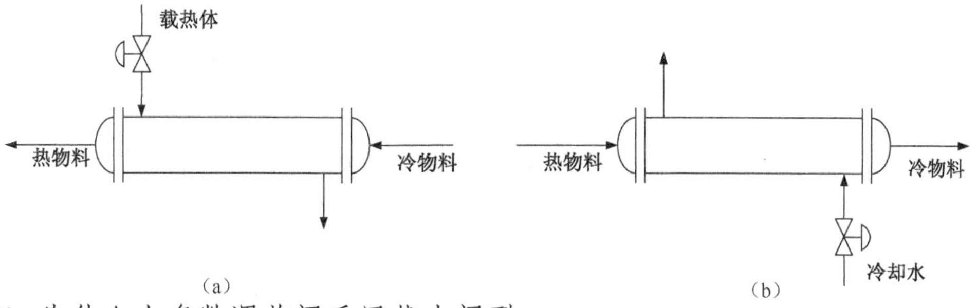


5. 为什么大多数调节阀采用截止阀型？

6. 为什么角型阀能用于浆料介质？

7. 选用气动调节阀时应考虑哪些因素？

8. 试述气动薄膜调节阀工作过程。

9. 试述调节阀的操作过程。

10. 三通阀用于什么场合？如图 3.14 所示，三通阀调节过程中，载热体进口流量稳定吗？总管压力有波动吗？对其他支路有影响吗？

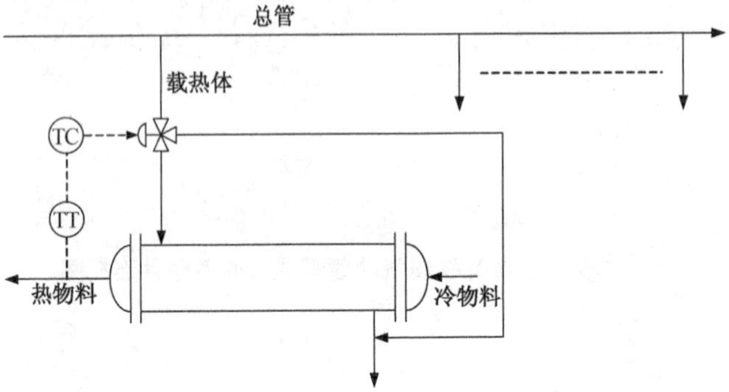


图 3.14 将载热体分流的温度控制方案

# 单元四　简单控制系统

## 单元目标

(1) 读懂带控制点的工艺流程图(PI 图)。
(2) 理解自动控制系统的作用、组成及分类。
(3) 了解自动控制系统的过渡过程。
(4) 学会选择和使用调节器。
(5) 学会操作自动控制系统。

随着生产过程自动化水平的日益提高，控制系统的类型越来越多，复杂程度的差异也越来越大。本单元所述的简单控制系统是化工生产中使用最普遍、数量最多、结构最简单的一种自动控制系统。所谓简单控制系统是指由一个测量元件和变送器、一个调节器、一个调节阀和一个被控对象所构成的单回路控制系统。

各种控制系统都是以带控制点的工艺流程图(PI 图)形式展示给读者，要了解、掌握和使用它，首先要读懂带控制点的工艺流程图。

## 任务一　认识带控制点的工艺流程图（PI 图）

带控制点的工艺流程图是在工艺流程图的基础上，用过程检测和控制系统中规定的符号，描述化工生产过程自动化内容的图纸。带控制点的工艺流程图也称为 PID(Pipe and Instrument Diagram)，即管路仪表图。

在 PI 图上，过程检测和控制系统的符号和控制图往往简画，见图 4.1。

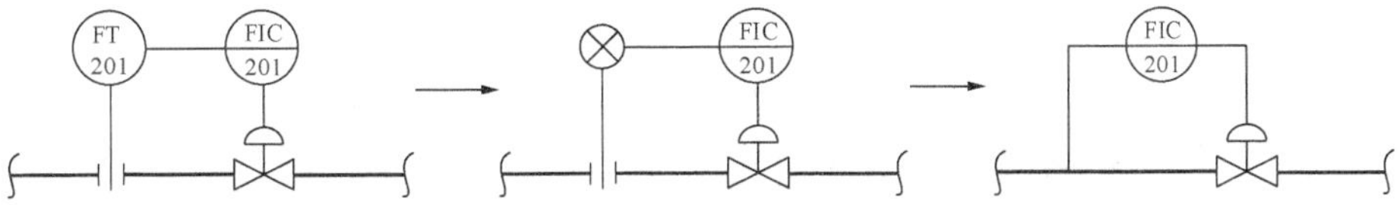


图 4.1　流量控制示意图

图 4.2 和图 4.3 为两种常见的带控制点精馏塔工艺流程图(PI 图)，图 4.3 尤其多用于 CRT/LCD 等显示屏的操作画面。

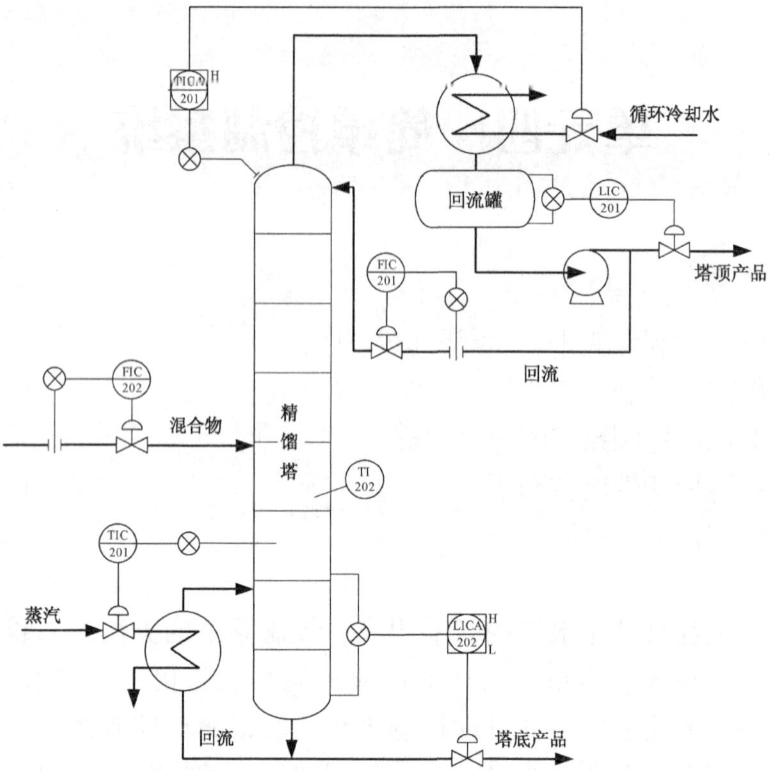


图 4.2　带控制点精馏塔工艺流程图(一)

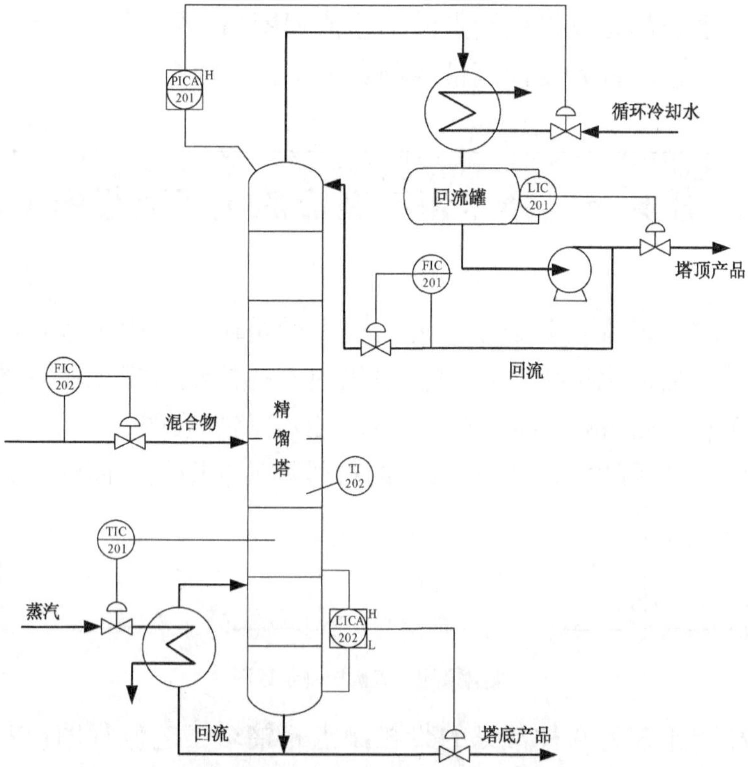


图 4.3　带控制点精馏塔工艺流程(二)

在 PI 图中，为了清楚地表达控制系统的类型和使用仪表的种类，定义了许多符号和图例。仪表及控制系统用位号来表示，位号由代表被控变量和仪表功能的字母和表示工段号和编号的阿拉伯数字组成。检测、控制系统字母代号的含义如表 4. 1 所示。

**表 4. 1　检测、控制系统字母代号的含义**

| 字母 | 第一位字母 | | 后继字母 | 字母 | 第一位字母 | | 后继字母 |
|---|---|---|---|---|---|---|---|
| | 被测变量 | 修饰词 | 功能 | | 被测变量 | 修饰词 | 功能 |
| A | 分析 | | 报警 | P | 压力、真空 | | |
| C | 电导率 | | 控制(调节) | Q | 数量 | 积算 | 积分、累积 |
| D | 密度 | 差 | | R | 放射性 | | 记录、打印 |
| E | 电压 | | 检测元件 | S | 速度、频率 | 安全 | 开关、联锁 |
| F | 流量 | 比 | | T | 温度 | | 传送 |
| I | 电流 | | 指示 | V | 黏度 | | 阀、挡板 |
| K | 时间 | | 手操器 | W | 重量、力 | | 套管 |
| L | 物位 | | 指示类 | Y | 供选用 | | 继动器 |
| M | 水分、湿度 | | | Z | 位置 | | 驱动、执行 |

图形符号含义：

 表示就地安装仪表。

 表示集中仪表盘面安装仪表。

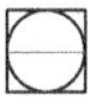 表示集散控制系统安装仪表。

处理两个或多个被控变量，具有相同功能或不同功能的复式仪表，可以用两个相切的圆圈来表示，见图 4. 4。

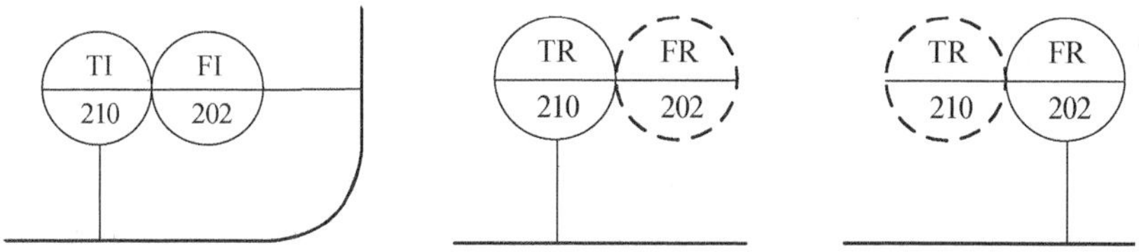


复式仪表的图形符号　　测量点较远时的复式仪表图形符号

**图 4. 4　复式仪表图形符号示意图**

带控制点的精馏塔工艺流程图(PI 图)的图形符号说明，见图 4. 5。

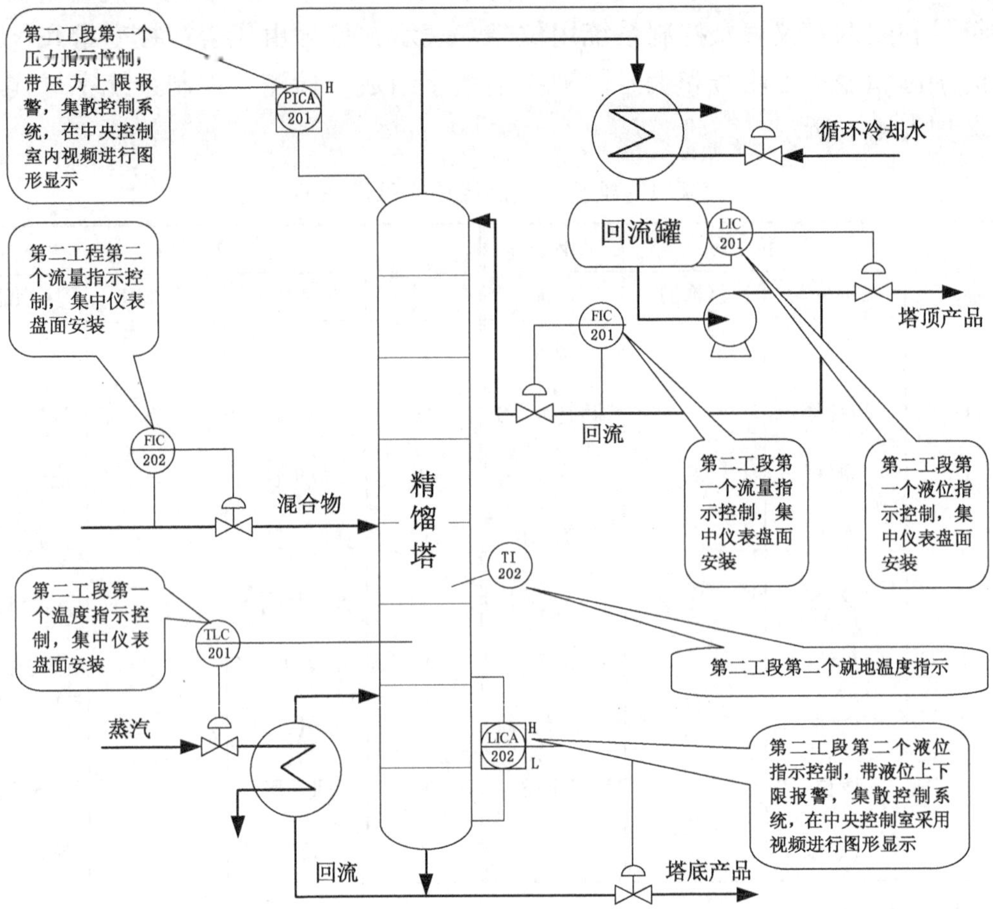


图 4.5 带控制点精馏塔工艺流程图形符号说明

## 想一想？

1. 图中，表示____________________________________。
2. 

表示____________________________________。
3. TIC－202 表示____________________________________。
4. ARSA－102 表示____________________________________。

## 任务二 认识简单控制系统

在化工生产中，为了保证产品质量和安全、稳定生产，对各个生产工艺过程中的工艺参数，都有一定的控制要求。热交换器是化工厂中常见的生产设备。

## 1 热交换器出口温度的人工控制

工艺要求将冷物料加热至一定的温度，并维持在这个值，需要构成一个温度控制系统。图 4.6 所示是一热交换器出口温度的人工控制系统。

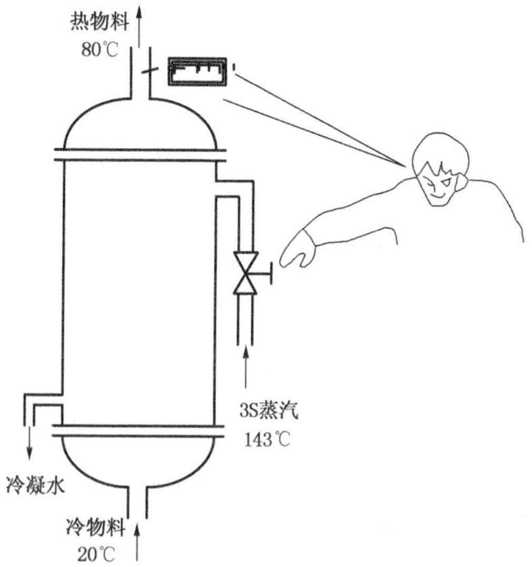


图 4.6 热交换器出口温度人工控制

### 1.1 人工操作

工人用眼观察温度检测仪表提供热物料的出口温度值，根据工艺要求值，进行二者比较、判断后，手动操作阀门，最终使热交换器的出口温度稳定在规定值，实现对热交换器热物料的出口温度控制。

### 1.2 热交换器人工控制系统组成及作用

眼看——观察热交换器热物料出口温度的高低。

脑想——根据实际热交换器热物料出口温度的高低与要求维持的温度值进行比较、判断。

手动——根据大脑的命令，用手改变阀门的开度。

### 1.3 人工控制的缺点

人工控制劳动强度高、成本高，而且有些工作环境不适合人工操作，也很难保证生产始终在安全、高质量下进行。

## 2 热交换器出口温度的自动控制

人工控制不能满足大型现代化生产的需要，自动控制系统是在人工控制的基础上发展起来的，它是模仿人的操作，用仪表代替人进行自动控制，构成自动控制系统。图 4.7 所示是一热交换器出口温度的自动控制系统。

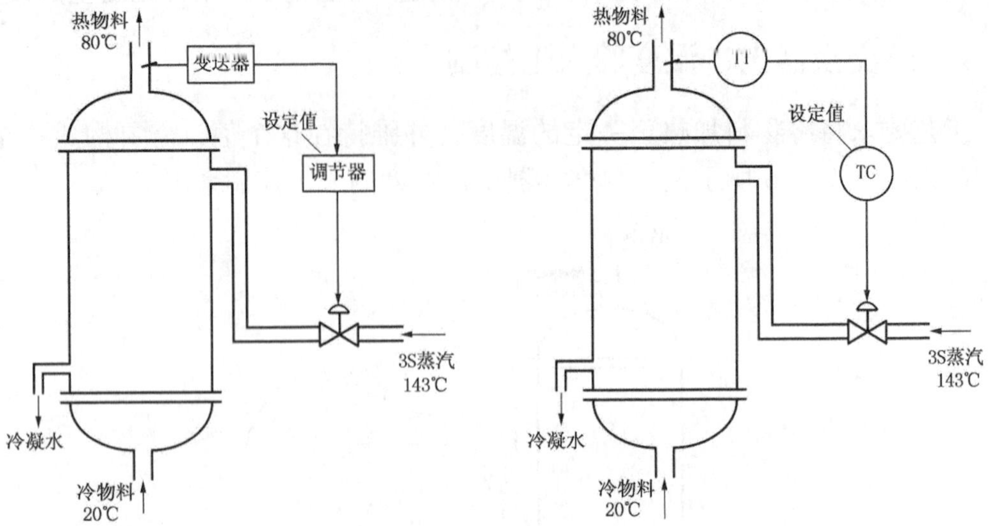


**图 4.7　热交换器出口温度自动控制**

符号的含义：TT 表示温度变送器；TC 表示温度调节器。

### 2.1　自动控制

测量元件和变送器将热交换器热物料的出口温度检测出来，并转换成统一的标准信号 4～20mA DC 传送给调节器，调节器将实际热交换器热物料的出口温度与要求维持的温度值(即设定值)进行比较得出偏差，并按预先确定的某种控制规律(比例、积分、微分的某种组合)进行运算后，输出统一标准信号 4～20mA DC 去控制调节阀，改变调节阀的开度，调节蒸汽量。这样反复进行，直到热交换器热物料的出口温度维持在设定值为止，从而实现热交换器出口温度的自动控制。

### 2.2　自动控制系统与人工控制系统比较

| | | | |
|---|---|---|---|
| 人工控制 | 眼 | 大脑 | 手 |
| | ↓ | ↓ | ↓ |
| 自动控制 | 测量元件和变送器 | 调节器 | 调节阀 |

### 2.3　简单控制系统的组成

简单控制系统是由一个测量元件和变送器、一个调节器、一个调节阀、一个对象所组成的闭环控制系统。

**被控对象**

在自动控制系统中，需要控制其工艺参数的生产设备或机器称为被控对象。上例中的热交换器就是这个温度控制系统的被控对象。

◆ 测量元件和变送器

它是用以测量被控工艺参数的变化，并将其转换成统一标准信号4～20mA DC的仪表。

◆ 调节器

它将测量元件和变送器送来的测量值与工艺上需要保持的工艺参数设定值进行比较，得出偏差，对偏差再进行一定的数学运算后，输出相应的控制信号给执行器(包括各种控制阀、继电器和变频器等)。

◆ 调节阀

它接受调节器的输出控制信号4～20mA DC，改变阀门开度，从而达到改变管道流量的目的。

### 2.4　简单控制系统方块图

自动控制系统方块图是为了帮助人们分析理解自动控制的工作原理。其信号走向是沿箭头方向进行的，比较机构 $e = X - Z$ 是调节器的前端部分，见图4.8和图4.9。

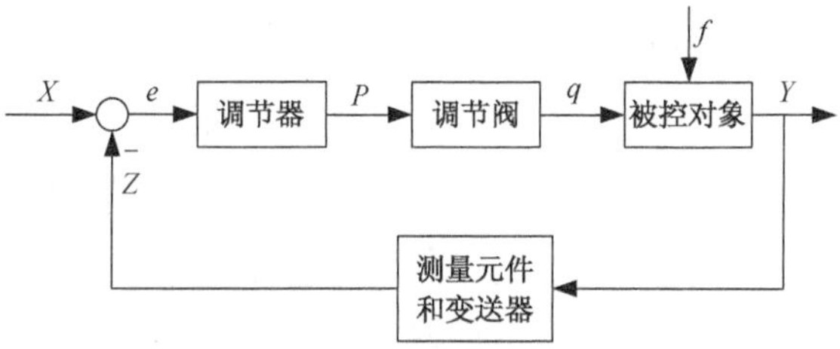


图4.8　简单控制系统典型方块图

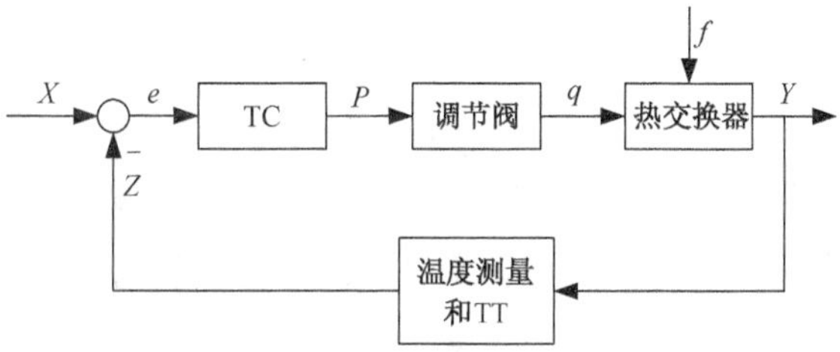


图4.9　上例温度控制系统方块图

### 2.5　控制系统常用术语

◆ 被控变量 $Y$

工艺上需要控制的工艺参数称为被控变量。

◆ 设定值(给定值) $X$(SV)

被控变量的预定值称为设定值。

◆ 测量值 $Z$(PV)

它是变送器的输出信号，是被控变量由测量元件和变送器测到的值。

● 偏差 $e$(DV)

它是指被控变量的设定值与测量值之差，$e=X-Z$。

● 调节器输出信号 $P$(OP)

它是根据偏差的大小和方向，利用事先设定的控制规律运算得到的控制指令。输出信号 $P$ 的大小决定了调节阀的开度，输出信号又称阀位(MV)。

● 干扰作用 $f$

它是引起被控变量变化的外界因素。

上例热交换器出口温度自动控制中，干扰作用 $f$ 有：

- 蒸汽的温度和压力波动；
- 冷物料的温度和流量波动；
- 热交换器列管漏和结垢等。

● 控制作用 $q$

它是引起被控变量变化的内在因素，其作用总是使被控变量向设定值方向变化。

### 2.6 干扰作用 $f$ 与控制作用 $q$ 两者的关系

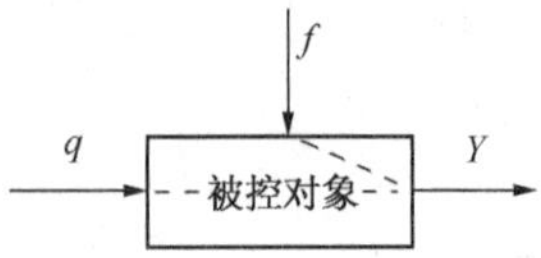


干扰作用 $f$ 是引起被控变量 $Y$ 偏离设定值，控制作用 $q$ 是使被控变量 $Y$ 回到设定值，自动控制系统只要有干扰，控制就会起作用。

### 2.7 负反馈

通过测量和变送将被控变量的测量值送回到系统的输入端，这种做法叫反馈。

反馈分为正反馈和负反馈两种类型。

当 $e=X-Z$，控制系统为负反馈；$e=X+Z$，控制系统为正反馈。

自动控制系统的目的是使偏差 $e$ 为零或最小，控制系统最终能稳定。显然也只有采用负反馈，自动控制系统才能正常运行。

**想一想？**

1. 调节器的输入信号来自________________。
2. 调节器对________信号进行______________。
3. 调节阀的阀开度由________________来决定。
4. 变送器把____________转换成____________。
5. 自动控制系统在我们日常的生活中有哪些应用？

## 任务三　认识控制系统类型

按系统的结构分类，控制系统可分为开环控制系统和闭环控制系统。

### 1　开环控制系统

开环控制系统是指信号按一个方向流动，而没有形成回路，分两种，一种是按设定值进行控制；另一种是按干扰进行控制，即前馈控制，见图 4.10。

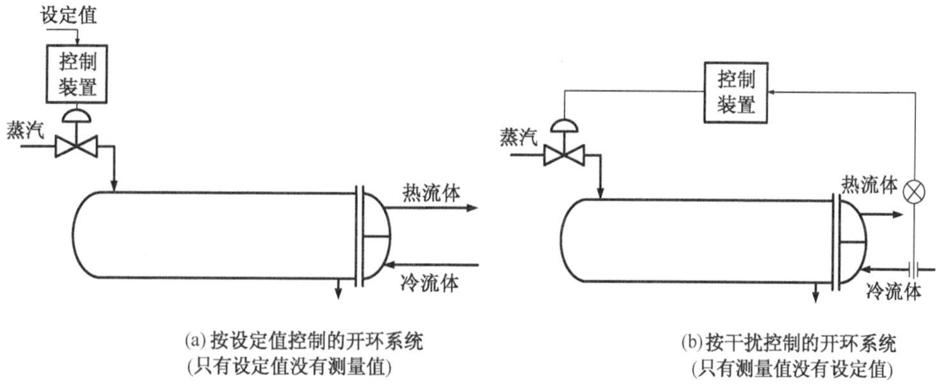


图 4.10　开环控制示意图

### 2　闭环控制系统

闭环控制系统又称反馈控制系统，它是按设定值与测量值之间的偏差进行控制的，见图 4.11。

在闭环控制系统中，按设定值情况的不同可分成三类。

● 定值控制系统

设定值恒定不变的控制系统，是应用最广泛的控制系统。其基本任务是克服扰动对被控变量的影响，即在扰动作用下仍能使被控变量保持在设定值上，见图 4.12。

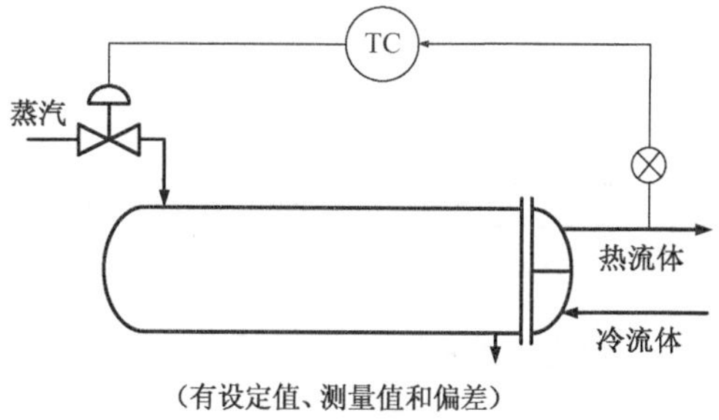


图 4.11　闭环控制示意图

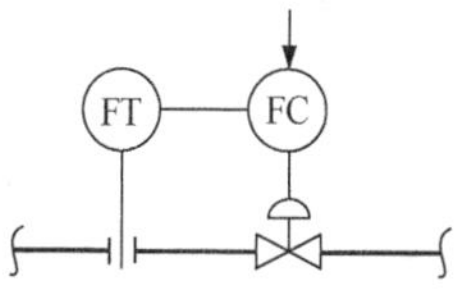


图 4.12　定值控制示意图

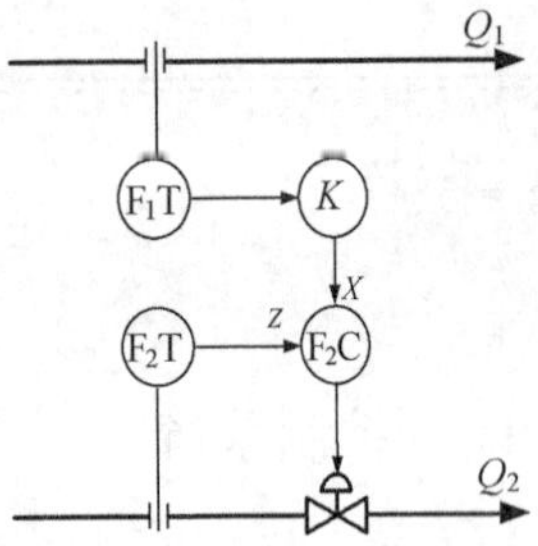

图 4.13 随动控制示意图

随动控制系统

设定值事先未知，是其他变量的函数。主要任务是使被控变量能尽快地、准确地跟随设定值的变化。化工生产中比值控制是随动控制系统。

见图 4.13 随动控制示意图，流量 $Q_2$是随动控制，是随流量 $Q_1$变化而变化；即 $Q_2 = KQ_1$。

程序控制系统

设定值按事先已知的规律变化，即是一个已知的时间程序变化。在化工生产中间歇反应器等的控制是程序控制系统。

**想一想?**

1. 开环控制系统有偏差吗?

2. 试说明定值控制系统、随动控制系统和程序控制系统的设定值是内给定还是外给定?

## 任务四　认识自动控制系统的过渡过程

### 1　系统的稳态与动态

稳态(静态)

在自动控制系统中，把被控变量不随时间变化的平衡状态称为系统的稳态。

动态

被控变量随时间而变化的不平衡状态称为系统的动态，见图 4.14。

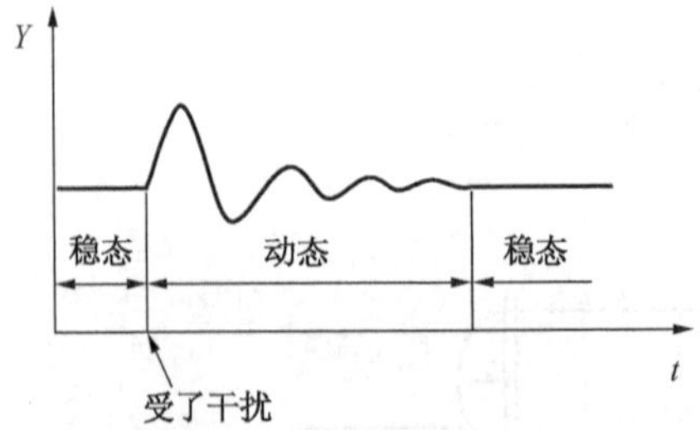

图 4.14 过渡过程曲线示意图

## 2　过渡过程的类型

在阶跃信号的干扰作用下，控制系统的过渡过程有可能出现图 4. 15 所示的几种形式。

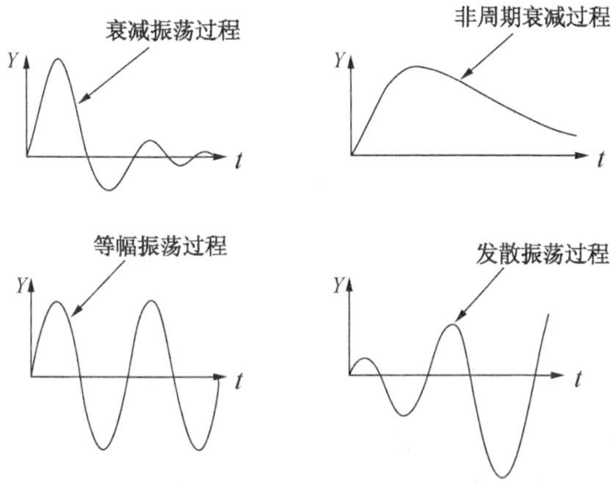


图 4. 15　过渡过程几种形式示意图

**说 明**

自动控制系统总是希望达到衰减振荡过程曲线，选择合适的调节器 PID 参数才能实现衰减振荡的过渡过程。

## 3　过渡过程的品质指标

过渡过程的品质指标是评价过渡过程曲线好坏的指标。通常希望系统既有充分的快速性，又有足够的稳定性和准确性。假设给控制系统施加了一个阶跃干扰，系统的过渡过程曲线如图 4. 16 所示。

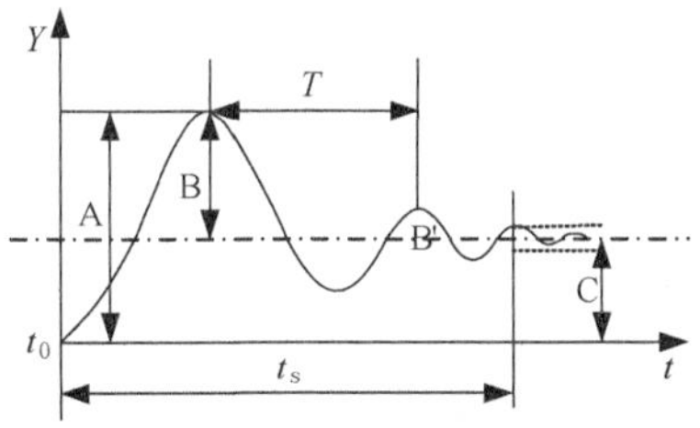


图 4. 16　过渡过程品质指标示意图

衰减比 $n$

衰减比是指过渡过程曲线中同方向前后相邻两个波的幅值之比。

即：$$n=\frac{B}{B'}$$

显然，当 $n=1$ 为等幅振荡；$n<1$ 为发散振荡；$n>1$ 为衰减振荡。为保持系统有足够的稳定程度，工程上常取衰减比为 4:1～10:1。

- 最大偏差 $A$

最大偏差是指过渡过程曲线中被控变量第一个波峰值与设定值之差。

- 余差 $C$

余差是指过渡过程结束后，被控变量的新稳态值与设定值之差。一般希望它为零或不超过工艺设计的范围。

- 过渡时间 $t_s$

过渡时间是指控制系统受到扰动作用后，被控变量从过渡状态恢复到新的平衡状态所经历的时间。

- 振荡周期 $T$

过渡过程曲线从第一个波峰到第二个波峰之间的时间称为振荡周期。

在实际使用中，要综合考虑上述过渡过程的品质指标。

**想一想？**

1. 为什么自动控制系统要选择衰减振荡过程？而不采用非周期过程？
2. 为何要综合考虑过渡过程的品质指标？

## 任务五　学会选择调节器

### 1　调节器的控制规律

- 基本控制规律

» 双位控制规律。

» 比例控制规律(P)。

» 积分控制规律(I)。

» 微分控制规律(D)。

- 常用的控制规律

» 纯比例控制(P)。

» 比例积分控制(PI)。

▸▸ 比例积分微分控制(PID)。

## 2　选择调节器控制规律的原则

对于一些工艺要求不太高的控制系统，可选用比例调节器(P)。

对于一些工艺要求不允许有余差的情况，可选用比例积分调节器(PI)。

对于一些设备容量滞后大、控制反应慢，不允许有余差的情况，而且控制质量又要求较高时，可选用比例积分微分调节器(PID)。

## 3　调节器参数整定

调节器参数整定的任务，就是按照已定的控制系统，求取使控制质量最好的调节器 PID($\delta$、$T_i$、$T_d$)参数值。

调节器参数整定方法有三种：经验试凑法、临界比例度法和衰减曲线法，最常用的是经验试凑法。

### 3.1　经验试凑法

试凑程序是先试凑比例度，再加积分，最后引入微分作用。

#### 3.1.1　知识准备

首先，头脑里要有下面公式。

$$\Delta P_{PID} = \frac{1}{\delta}\left(e + \frac{1}{T_i}\int e\mathrm{d}t + T_d\frac{\mathrm{d}e}{\mathrm{d}t}\right)$$

$\delta$(P)：比例度

$T_i$(I)：积分时间

$T_d$(D)：微分时间

$\delta$、$T_i$和 $T_d$的大小反映了控制作用的强弱。

它们对被控变量 $Y$ 在受到阶跃干扰影响后，其过渡过程曲线如图 4.17 所示。

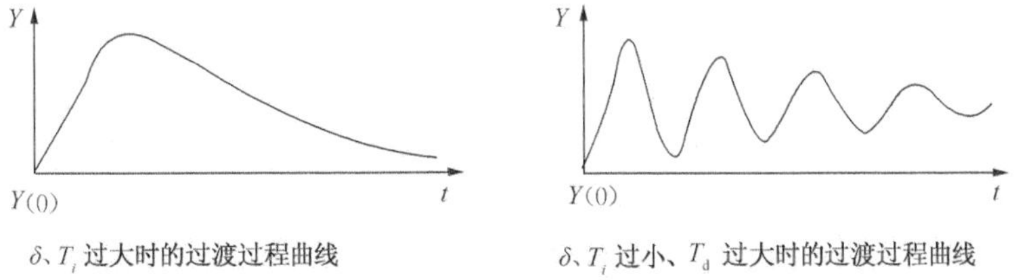


图 4.17　阶跃干扰后的过渡过程曲线

参数范围

一般情况，$\delta$、$T_i$和 $T_d$参数大多在表 4.2 范围内。

**表 4.2　各类控制系统整定参数参考范围**

| 调节器参数 / 被控变量 | 比例度 $\delta$/% | 积分时间 $T_i$/min | 微分时间 $T_d$/min |
|---|---|---|---|
| 温度 | 20～60 | 3～10 | 0.5～3 |
| 流量 | 40～100 | 0.1～1 | |
| 压力 | 30～70 | 0.4～3 | |
| 液位 | 20～80 | | |

- 目标：理想的过渡过程曲线(改变设定值)如图 4.18 所示。

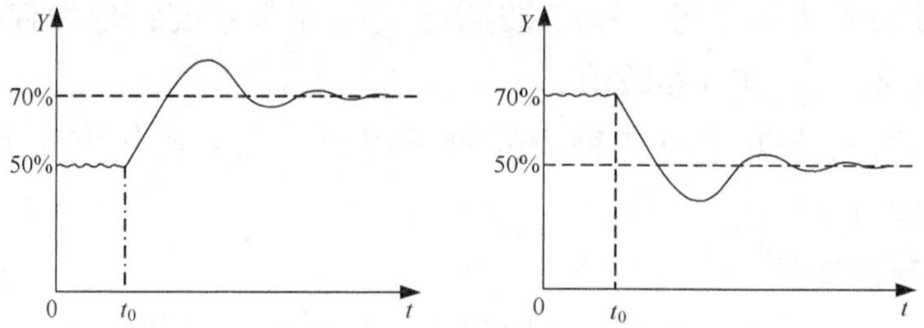


图 4.18　理想的过渡过程曲线

3.1.2　具体步骤

- 先试凑比例度 $\delta$(一般 $\delta=20\%\sim100\%$)
  - 先将 $T_i\to\infty$，$T_d=0$；置，$\delta=60\%$；
  - 来回改变设定值；
  - 观察被控变量 $Y$ 的过渡过程曲线；
  - $\delta$ 由粗调到细调，直到被控变量 $Y$ 的记录曲线为理想的过渡过程曲线为止。
- 如需引入积分作用
  - 将已调好的 $\delta$ 值放大 15%；
  - $T_i$($T_i=0.1\sim10$min)由大→小不断凑试，$T_i=10\to0.1$min；
  - 来回改变设定值；
  - 观察曲线，寻最佳。
- 如需引入微分作用
  - $\delta$ 和 $T_i$ 相应减小些，如各减 20%；
  - $T_d$($T_d=0.5\sim3$min)由小→大不断凑试，$T_d=0.5\to3$min；
  - 来回改变设定值；
  - 观察曲线，寻最佳。
- 总结

经验试凑法的实质内容是：“看曲线，作分析，调参数，寻最佳”。

### 引起等幅振荡的情况分析

$T_i$ 过小、$\delta$ 过小、$T_d$ 过大的过程曲线如图 4.19 所示。

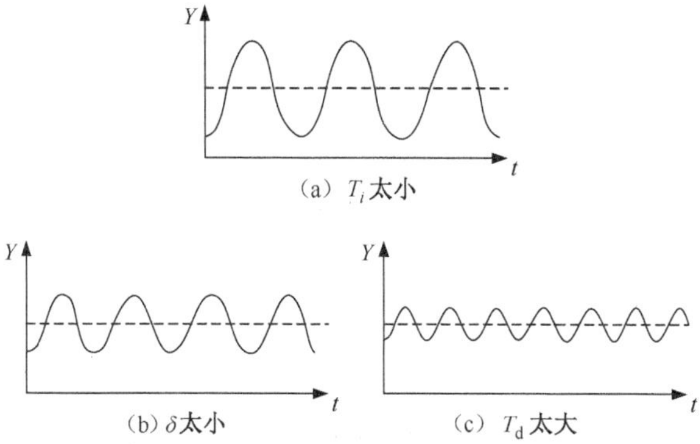


**图 4.19** $\delta$、$T_i$ 过小和 $T_d$ 过大的过程曲线

## 3.2 调节器参数整定的另类方法

① 可根据经验先大致给出整定参数，再根据过渡过程曲线作参数调整。

② 同类型控制回路整定的参数可作参照。

③ 在控制系统中设备更换和修复以及工艺参数变化后，调节器的参数整定一般只是在原来基础上作微调。

### 想一想?

1. 调节器的控制规律可以没有比例控制部分吗?
2. 调节器参数整定的任务是什么?
3. 经验试凑法的实质内容是什么?

# 任务六　简单控制系统的投运

以图 4.20 精馏塔塔釜温度控制系统为例，进行简单控制系统的投运操作。

## 1　投运前的准备工作

### 熟悉情况

- 熟悉精馏塔的工艺过程，了解工艺流程、设备的功能。
- 熟悉控制方案。
- 熟悉仪表的结构和使用方法。

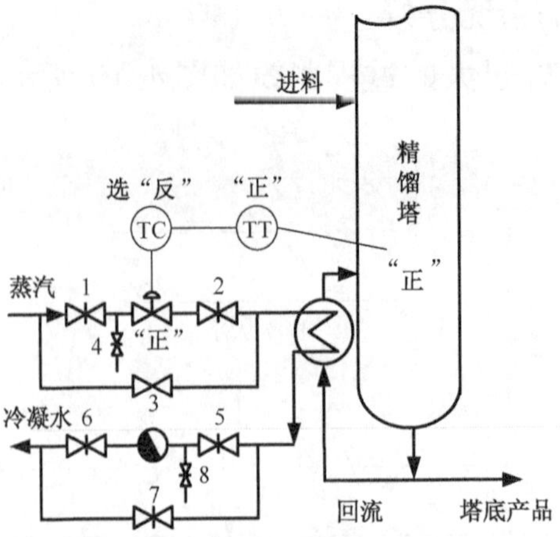


图 4.20 精馏塔塔釜温度控制系统

### 全面检查

检查所有相关仪表及连接管线。

### 确定调节器作用方向

确定调节器作用方向，就是要使控制系统形成负反馈，即

调节器(?)×调节阀(±)×对象(±)=(-)

在自动控制系统中，调节器、调节阀、变送器和对象都有作用方向，变送器总是正作用。

所谓作用方向，就是输入变化后，输出变化的方向。当输入增加时，输出也增加，称为“正作用”；反之，称为“反作用”。

根据工艺要求，调节阀应选气开阀(正作用)；当蒸汽流量增加时，精馏塔塔釜温度上升，对象为正作用；因此调节器应选反作用。

图 4.21 液位控制系统中的调节器应选正作用。

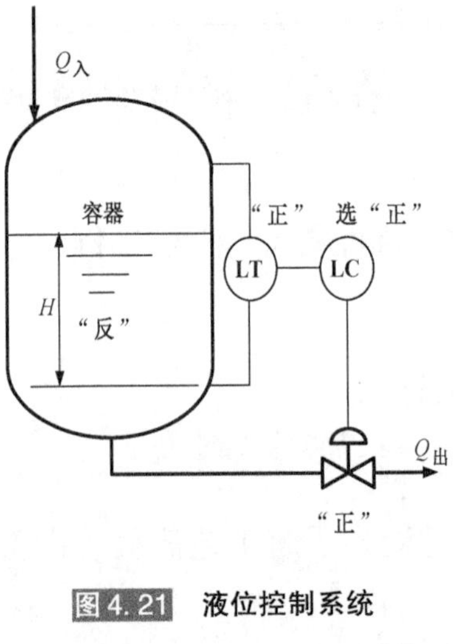


图 4.21 液位控制系统

## 2 投运操作

有两种操作步骤：一种是先用人工操作，然后过渡到调节阀手动遥控的方法；另一种是一开始就用手动遥控的方法，当蒸汽管道内冷凝水较少且无垃圾可用该方法。投运步骤如下。

### 人工操作

- 打开3#、5#、8#阀，其余阀处于关闭状态，排放蒸汽冷凝水及垃圾，直到冷凝水排完，有大量蒸汽喷出为止。
- 打开3#、5#、6#阀，其余阀处于关闭状态，操作人员观察塔釜的现场温度，调节3#旁路阀，直到温度达到设定值为止。即用旁路阀代替调节阀改变蒸汽的流量。待塔釜温度基本稳定后转入手动遥控。

### 手动遥控

- 调节器置于“手动”位置，操作人员在控制室的调节器上手动遥控现场调节阀的开度。
- 打开1#、2#阀，内外操人员配合，缓慢关闭3#旁路阀，缓慢打开调节阀。同时，操作人员观察塔釜的温度，尽量减少波动，直至3#旁路阀关闭，调节阀处于某一开度。

### 自动控制

工况趋于稳定后，调节器由“手动”切换至“自动”位置，用调节器的自动输出改变调节阀的开度，实现自动控制。

系统投入自动运行后，观察被控变量记录曲线，如有必要应调整调节器PID参数，使系统控制质量更好。

**想一想？**

1. 为什么要考虑调节器的作用方向？如何选择？
2. 什么情况下可直接手动遥控后切自动控制，省略人工操作？

**练一练**

1. 试解释位号TE－202、LRCA－301、AIC－210、PV－102的含义。
2. 自动控制系统主要由哪些环节组成？
3. 在自动控制系统中测量元件和变送器、调节器、调节阀各起什么作用？
4. 试分别说明什么是被控变量、设定值、测量值。
5. 什么是干扰作用？什么是控制作用？试说明两者的关系。

6. 什么是开环控制系统？什么是闭环控制系统？

7. 什么是定值控制系统？什么是随动控制系统？

8. 评定控制系统过渡过程好坏的品质指标有哪些？

9. 如何选择调节器的控制规律？

10. 调节器参数整定的任务是什么？

11. 如何区分由于比例度过小、积分时间过小和微分时间过大所引起的振荡过程？

12. 简单控制系统的投运步骤有哪些？

13. 试指出图4.22中各图形符号的含义。

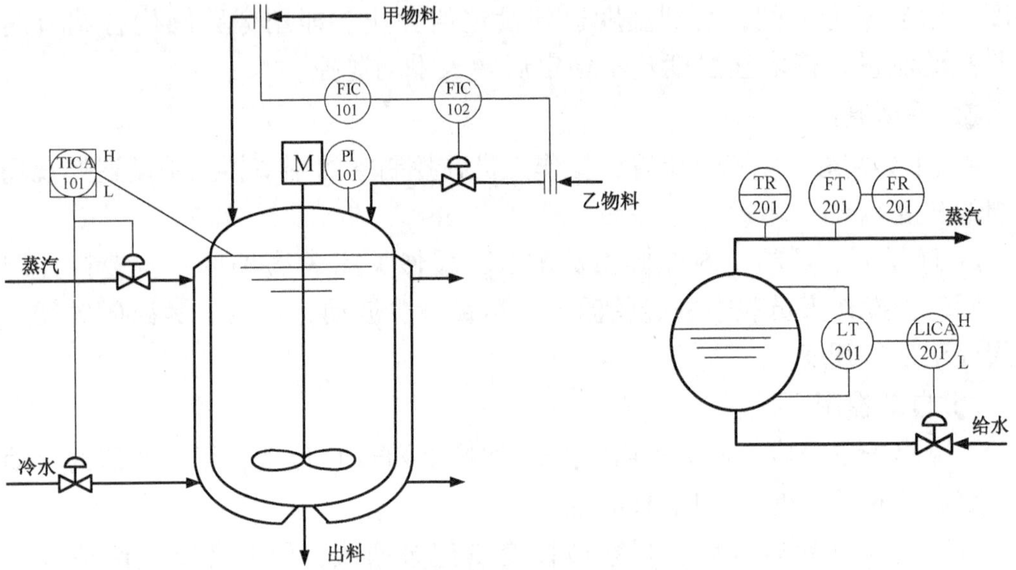


图4.22 带控制点的工艺流程图

# 单元五　复杂控制系统

## 单元目标

(1) 理解串级控制系统的作用、组成和特点。
(2) 理解各种比值控制系统的作用、组成和特点。
(3) 理解分程控制系统的作用、组成和特点。
(4) 了解均匀控制系统的作用、组成和特点。
(5) 了解前馈控制系统的作用、组成和特点。
(6) 了解选择性控制系统的基本原理和作用。

随着科学技术的发展，现代化工工业规模越来越大，复杂程度越来越高，产品的质量要求越来越严格，因此要满足这些要求，仅靠简单控制系统是不行的，需要引入更为复杂、更为先进的控制系统。本单元介绍的复杂控制系统包括串级、比值、分程等控制系统。

## 任务一　认识串级控制系统

串级控制系统是应用较多的一种复杂控制系统。为了认识串级控制系统，举一管式加热炉的例子，见图5.1。

### 1　采用简单控制系统控制加热炉的出口温度

若被控变量的控制指标比较宽(320℃ ±10℃)，上例简单控制系统能满足控制要求，见图5.2。

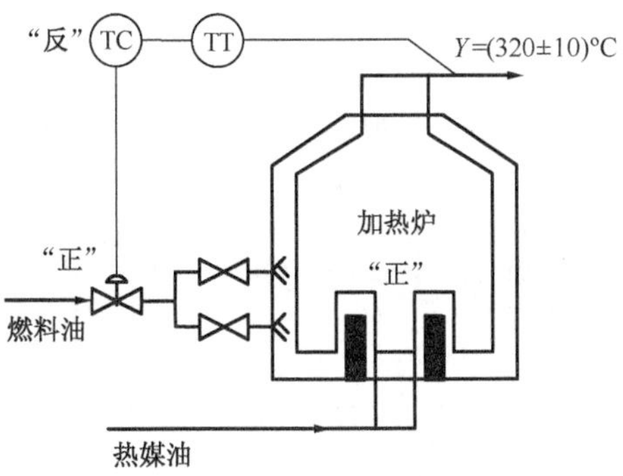

图5.1　加热炉出口温度简单控制系统

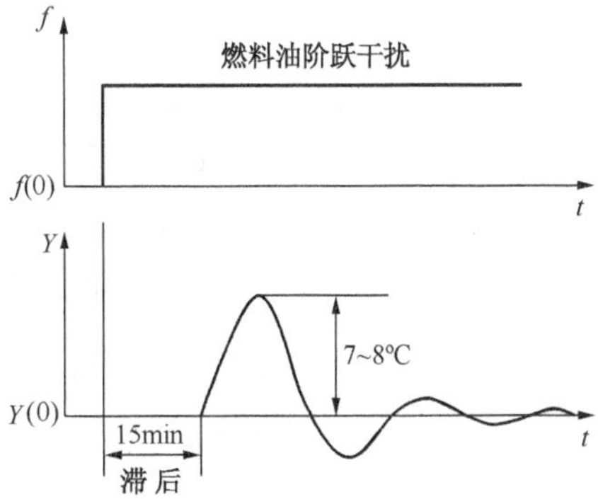

图5.2　被控变量受干扰后的过渡过程

若被控变量的控制指标比较严(320℃ ±2℃)，简单控制系统就难以满足控制要求。因为燃料量(主要干扰)的变化要通过炉膛才能使热媒油的出口温度发生变化，有较大的容量滞后，约15min左右，反应慢，控制不够及时。

## 2 采用串级控制系统控制加热炉的出口温度

燃料油(主要干扰)的变化首先导致炉膛温度的变化，它的容量滞后时间较短，约3min左右，如图5.4所示。针对主回路容量滞后大，控制不够及时，在主回路的基础上增加反应较快的副回路，如图5.3所示，构成串级控制系统。

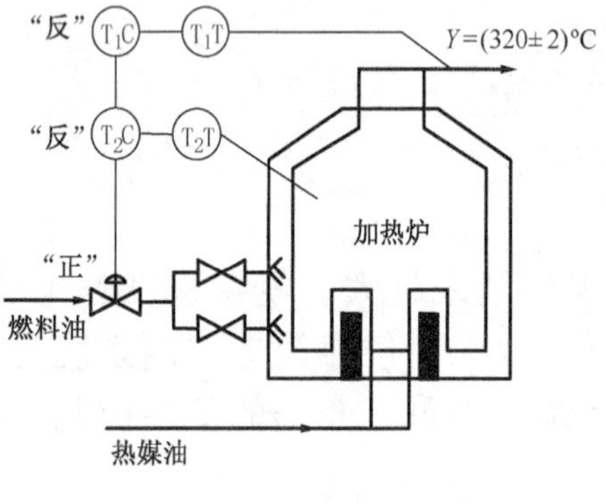


图5.3 加热炉出口温度串级控制系统

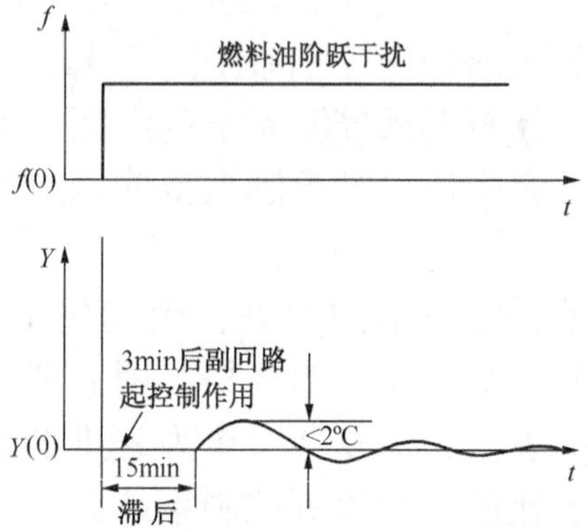


图5.4 被控变量受干扰后的过渡过程

### 2.1 串级控制系统的组成

串级控制系统是指由主、副两个调节器串接起来稳定一个主变量的控制系统。在系统中有两个被控参数，分别为主变量和副变量，主变量是工业控制指标，本例中为热媒油出口温度；副变量是为了稳定主变量而引入的辅助被控变量，本例中为炉膛温度。控制系统中出现了两个被控对象，即副对象和主对象，本例中副对象是指从调节阀到副变量(炉膛温度)间的设备；主对象是指从副变量(炉膛温度)到主变量(热媒油出口温度)间的设备。系统中主调节器的输出，作为副调节器的设定值，主回路是定值控制，副回路是随动控制，见图5.5和图5.6。

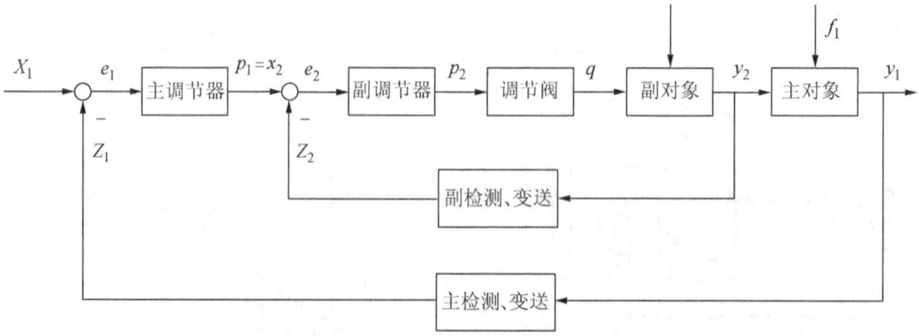


图5.5 串级控制系统的典型方框图

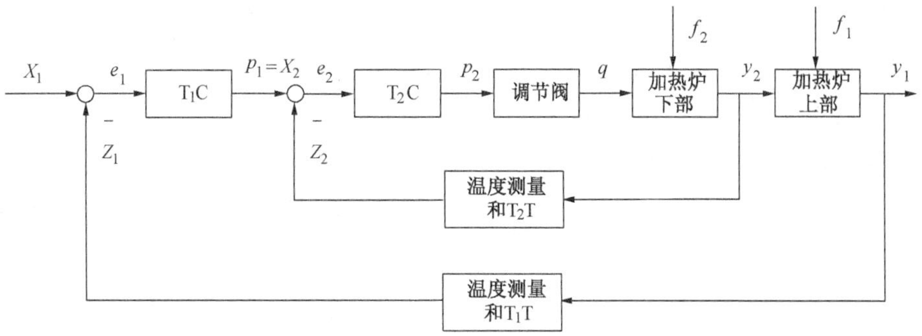


图 5.6　上例温度串级控制系统的方框图

### 2.2　串级控制系统的工作过程

当干扰($f_2$)来自燃料油的压力和热值的变化，它将首先影响到副变量 $T_2$，副调节器 $T_2C$ 及时发出控制信号，改变燃料油流量以维持 $T_2$ 的温度；主变量 $T_1$ 的变化将很小，再由主、副回路共同控制使其尽快地回到设定值。

若干扰($f_1$)来自热媒油流量的变化而影响 $T_1$ 变化时，则主回路起主要控制作用。

若干扰($f_1$)和($f_2$)同时作用，则主、副回路也同时起控制作用。

### 2.3　串级控制系统的特点

由于副回路的快速作用，使系统具有较强的克服主要干扰能力，提高了控制质量。

### 2.4　串级控制系统的适用场合

串级控制系统主要用于对象容量滞后大，反应慢，干扰作用强而频繁，且控制指标要求严，简单控制系统难以满足控制要求的场合。

### 2.5　主、副调节器作用方向的确定

可按如下方法确定主、副调节器作用：

副调节器(?)×调节阀(±)×副对象(±)=(−)

主调节器(?)×主对象(±)×副对象(±)=(−)

一般情况，副对象都是正作用(+)，故上述二式可简化为：

副调节器(?)×调节阀(±)=(−)

主调节器(?)×主对象(±)=(−)

上例中，调节阀为正作用(+)，故副调节器选反作用(−)；主对象为正作用(+)，故主调节器也选反作用(−)。

### 2.6　主、副调节器控制规律的选择

由于主回路是定值控制系统，主调节器通常选用 PI 控制规律，或 PID 控制规律；副回路是随动控制系统，副调节器一般选 P 控制规律。

### 2.7　主、副调节器参数整定

参数整定较多采用一步整定法。

一步整定法就是根据经验，先将副调节器参数一次调好，不再变动，然后按一般单回路控制系统的整定方法整定主调节器参数。

**2.8 串级控制系统的投运**

串级控制系统的投运较多采用先投副回路，后投主回路的方法；为了简化步骤，在有的场合，也可以主、副回路一次投运，应根据具体情况灵活掌握。

例题：

图5.7所示为液位流量串级控制系统，试分析确定主、副调节器作用方向；试述流量控制副回路主要针对何种干扰？

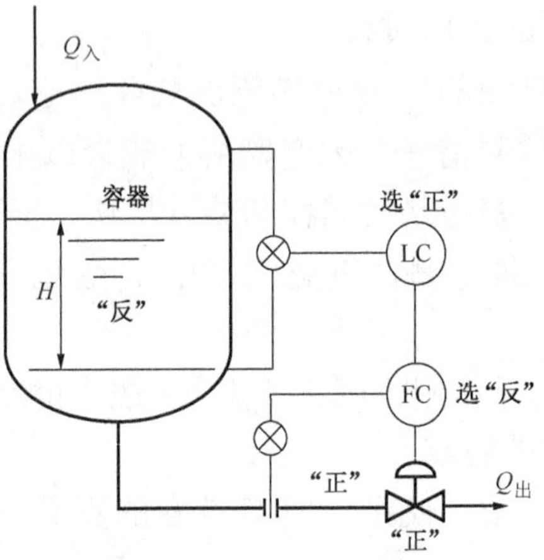


图5.7 液位流量串级控制系统

答：主、副调节器分析确定的作用方向如图所示；流量控制副回路主要针对出口管压力波动的干扰，以提高液位控制质量。

**想一想？**

1. 为什么串级控制系统能提高控制质量？
2. 副回路是否能克服所有干扰？
3. 副回路是否属于定值控制？

## 任务二 认识比值控制系统

### 1 什么是比值控制

在化工生产过程中经常需要两种或两种以上的物料以一定的比例进行混合

或参加化学反应，见图5.8。

生产上用来实现两种或两种以上物料之间保持一定比值关系的自动控制系统，称为比值控制系统。

关系式：　　$Q_2 = KQ_1$

式中　$Q_1$——主动量；

$Q_2$——从动量；

$K$——比值。

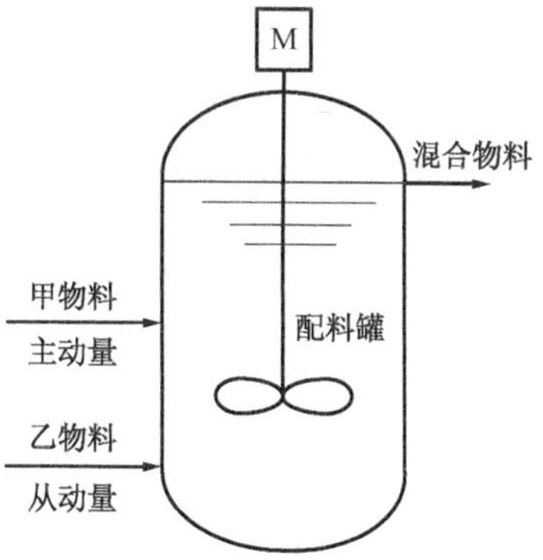

图5.8　两种物料配比

## 2　比值控制的方案

比值控制有很多种控制方案，下面介绍最常见的开环比值、单闭环比值、和双闭环比值三种定比值控制方案。

### 2.1　开环比值控制系统

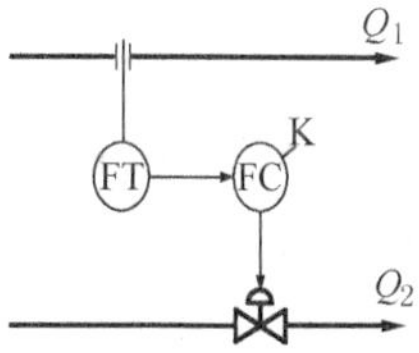

图5.9　开环比值控制系统图

开环比值控制系统按照主动量的检测值，通过比值控制器直接控制从动量管道上调节阀的阀门开度，见图5.9。

这种方案的优点是简单，只需一台纯比例调节器就可实现，其比例度根据比值要求来设定，只能用于从动量管道压力很稳定的场合。

### 2.2　单闭环比值控制系统

这类比值控制系统的优点是两种物料流量之比较为精确，但其主动量是可以变化的，无法根据要求控制固定，总流量也是不固定的。

主调节器只起比值计算的作用；副调节器构成的回路除起随动控制作用外，还起稳定 $Q_2$ 流量的作用，见图5.10和图5.11。

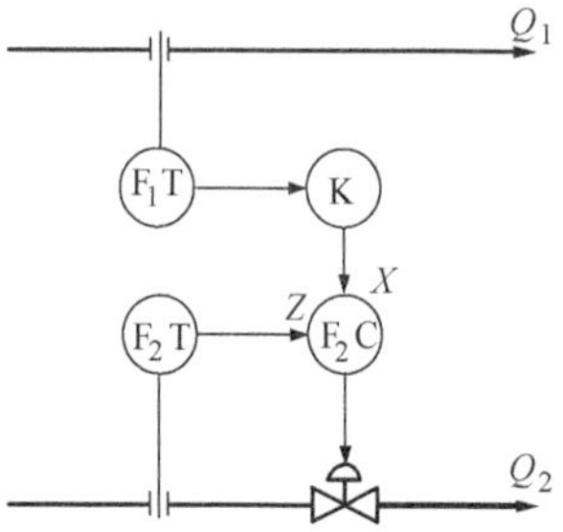

图5.10　单闭环比值控制系统图

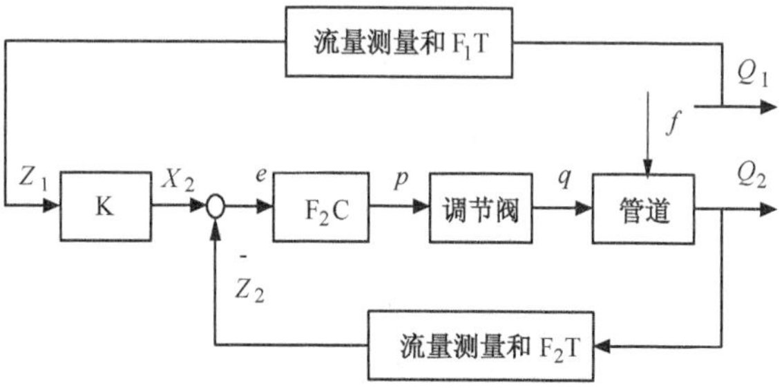

图5.11　单闭环比值控制系统方框图

### 2.3　双闭环比值控制系统

这类比值控制系统的优点是两种物料流量之比较为精确，而且主动量和总流量都可以根据要求控制固定。

$F_1C$ 所构成的回路是定值控制，$Q_1$ 的大小是由 $F_1C$ 上的设定值决定的，见图 5. 12 和图 5. 13。

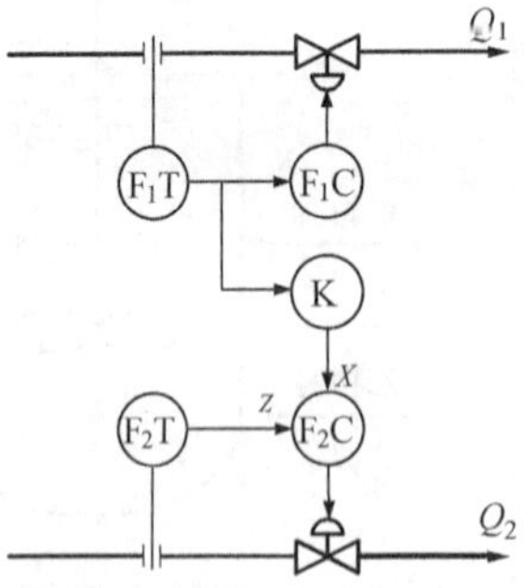


图 5. 12　双闭环比值控制系统图

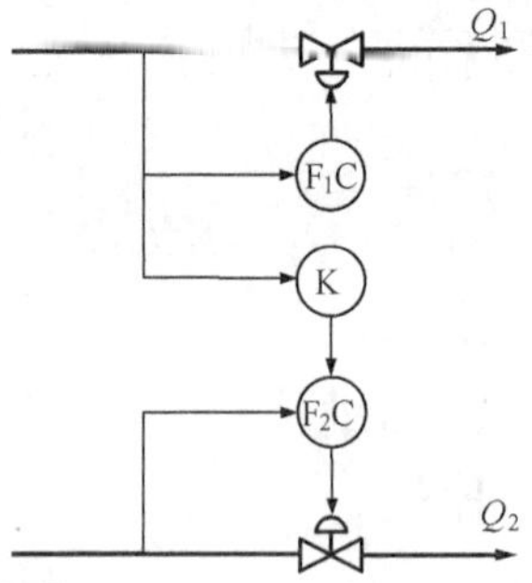


图 5. 13　双闭环比值控制系统简画图

**想一想？**

1. 开环比值控制系统能做到精确比值控制吗？
2. 试讨论上述三种比值控制的特点。

# 任务三　认识分程控制系统

## 1　什么是分程控制

由一个调节器的输出信号，通过和阀门定位器的配合，分段地去控制两个或两个以上调节阀动作的系统称为分程控制系统，见图 5. 14 和图 5. 15。

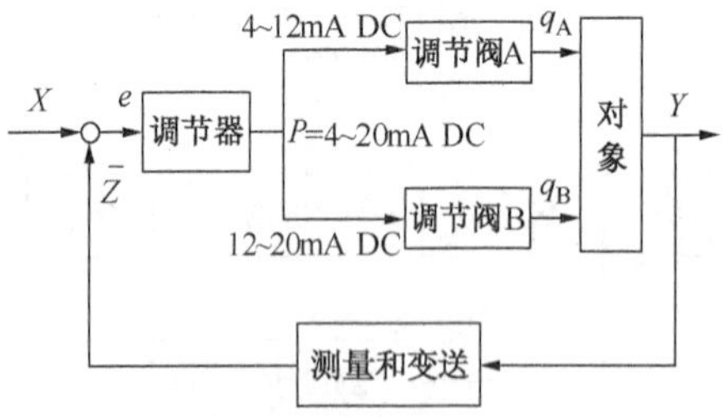


图 5. 14　分程控制系统方框图

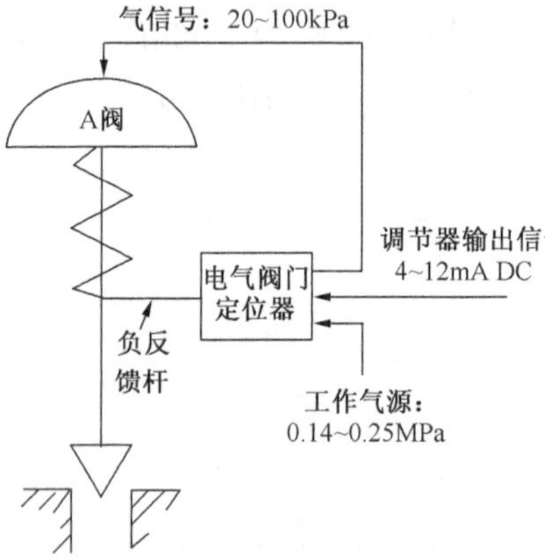


图 5. 15　分程控制中 A 阀工作图

分程控制方案中，根据工艺生产的安全需要，调节阀的开闭形式，可分为两类：

### 阀门同向动作

随着调节器输入信号的增大，两个阀门都开大(气开式)或关小(气关式)，如图 5. 16 和图 5. 17 所示。

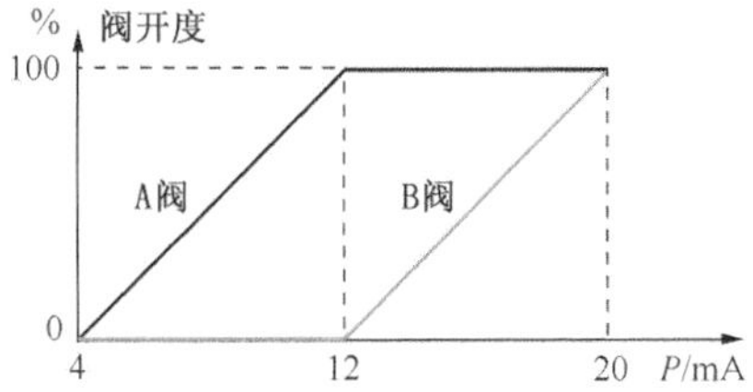


图 5. 16　两阀全是气开阀

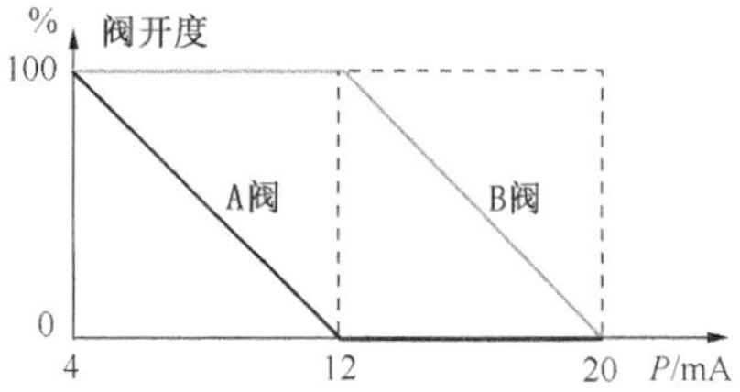


图 5. 17　两阀全是气关阀

阀门异向动作

随着调节器输入信号的增大，一个阀门开大，另一个阀门关小，或者相反，如图 5. 18 和图 5. 19 所示。

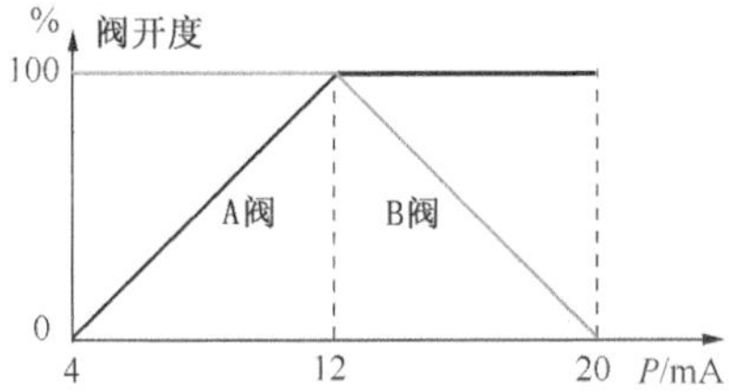


图 5. 18　A 阀气开 B 阀气关

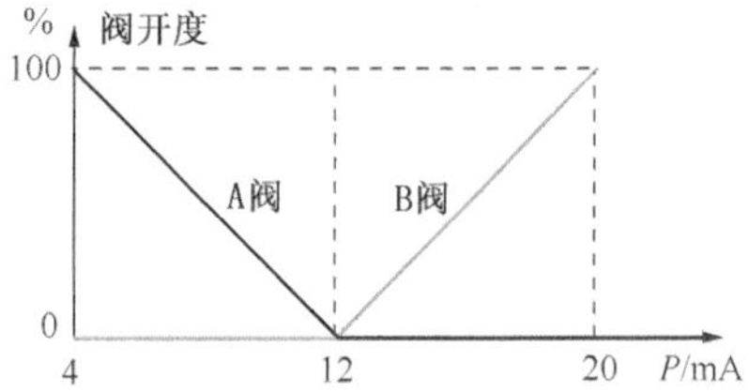


图 5. 19　A 阀气关 B 阀气开

## 2　分程控制系统的应用

### 2. 1　适应生产中需用多种物料作调节介质的对象

图 5. 20 是热交换器出口温度的分程控制系统，使用热水和蒸汽对物料进行加热，控制热物料出口温度为 55℃。受环境温度(主要干扰)的影响，当用热水加热不能满足热物料出口温度的要求时，则再同时使用蒸汽加热。比如，当环境温度高时，热水温度 90℃，冷物料温度 35℃，只要 A 阀半开，B 阀关闭就能满足控制要求；当环境温度低时，热水温度 80℃，冷物料温度 5℃，需要 A 阀全开，B 阀半开才能满足控制要求，见图 5. 21。

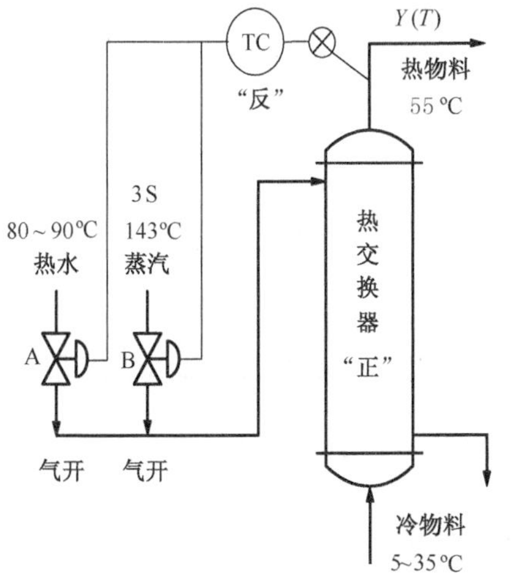


图 5. 20　热交换器出口温度的分程控制系统

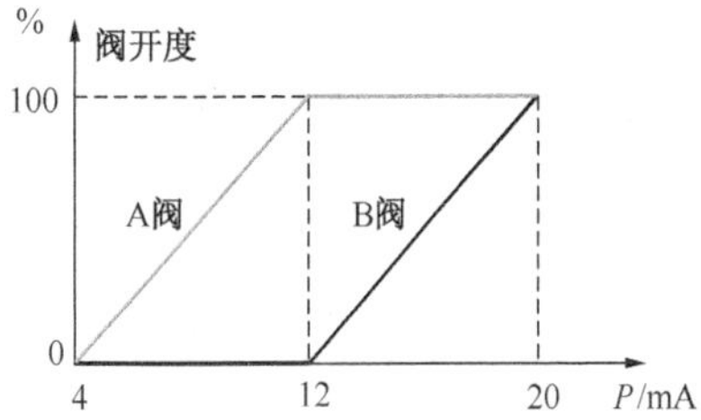


图 5. 21　两个阀动作过程

**说明**

上述采用分程控制系统充分利用了热水，节省了蒸汽。

### 2.2 用来满足不同负荷下的控制要求

在丙烯腈生产中，氨进入混合器前经过大、小两个调节阀，如图 5.22 所示。大负荷时，大小阀都开；小负荷时，关闭大阀只开小阀，以适应负荷大幅度变化。两个阀动作过程与上例相同。

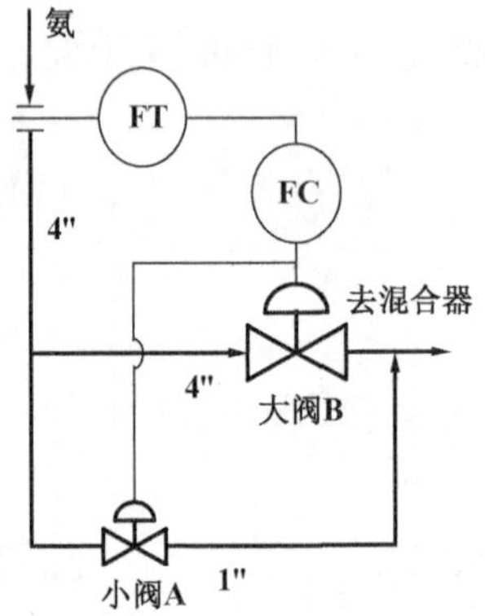


图 5.22 流量分程控制系统

## 3 确保正常或事故状态下的安全运行

在一些存放各种油品类的贮罐，采用氮封技术，要求罐内始终保持氮气压力微呈正压(1 ~2kPa)。当贮罐内液面上升时，应将压缩的氮气适量排出；反之，当液面下降时，应补充氮气。为满足这种工艺要求，设计了图 5.23 所示的分程控制系统。

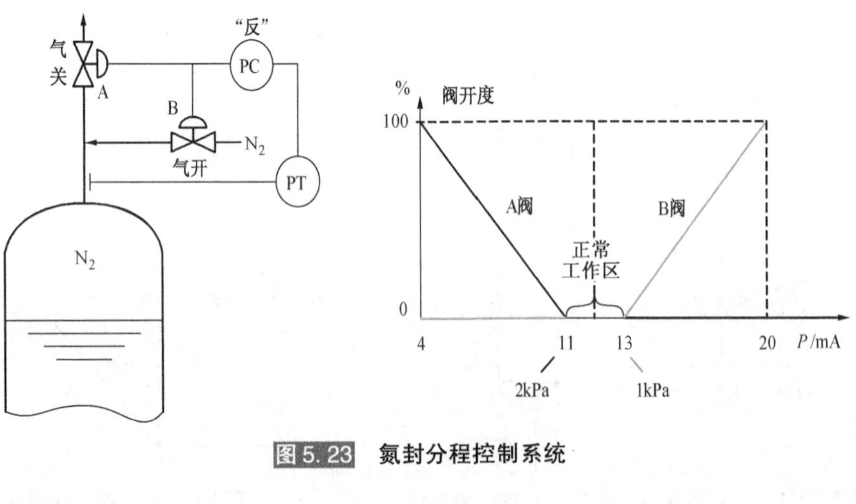


图 5.23 氮封分程控制系统

想一想？

不带阀门定位器的调节阀能用作分程控制吗？为什么？

内容拓展

# 任务四　认识均匀控制系统

## 1　均匀控制的目的与要求

石油化工生产过程的连续性，使得每一个生产设备都与前后生产设备紧密地联系着。如图 5.24 所示，前塔的出料是后塔的进料，两设备互相联系又互相影响。该装置设计的液位控制和流量控制两套系统是不能协调工作的。当甲塔进料量增大，要使液位控制稳定，必须开大调节阀 1 的开度，使出料量增大；而要使流量控制稳定，又要关小调节阀 2 的开度。这样，两套独立控制系统的工作互相矛盾，顾此失彼。采用均匀控制就可解决这一矛盾，它的控制目的是使液位和流量这两个变量尽可能平稳而兼顾。

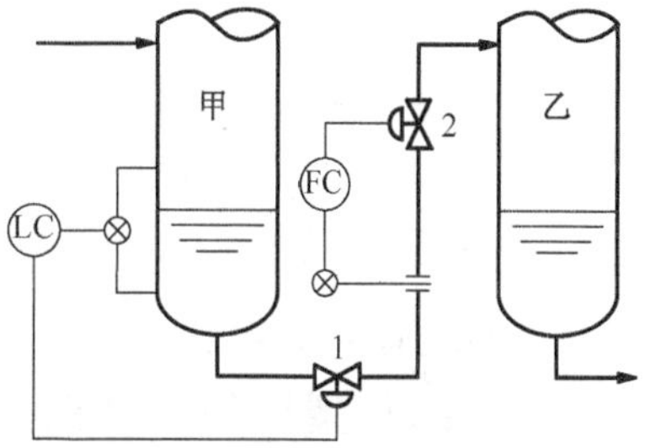

图 5.24　前后精馏塔物料供求关系

通过均匀控制，使两个相互矛盾的变量达到下列要求，见图 5.25。

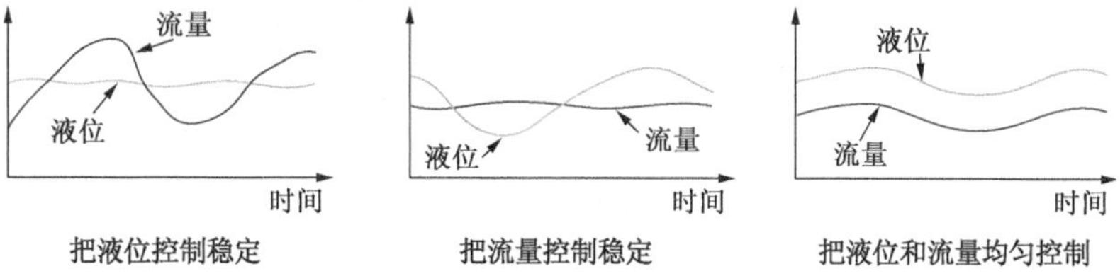

图 5.25

前后矛盾的两个变量都应该是变化的，且变化是缓慢的。

前后矛盾的两个变量应保持在工艺所允许的范围内波动。

## 2　均匀控制的方案

### 2.1　简单型均匀控制系统

如图 5.26 所示，从系统的结构看，简单型均匀控制系统完全像一个单回路液位定值控制系统。两者的区别主要在于调节器的控制规律选择及参数整定上，如表5.1所示。均匀控制需要兼顾两个变量，要求控制作用弱。

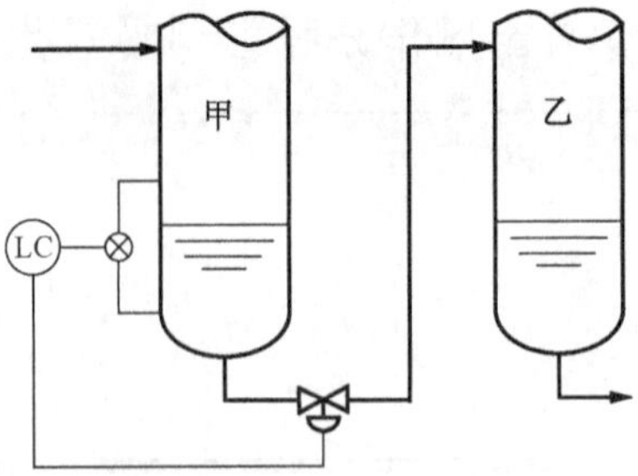


图5.26 简单型均匀控制系统

**表5.1 简单控制系统与简单型均匀控制系统的区别**

| 控制类型 | 控制规律 | 参数整定参考范围 |
|---|---|---|
| 简单控制系统 | 可采用P、PI、PD、PID | $\delta=20\% \sim 100\%$<br>$T_i=0.1 \sim 10\text{min}$<br>$T_d=0.5 \sim 3\text{min}$ |
| 简单型均匀控制系统 | 一般采用纯比例P，可加一点积分I，绝对不加微分D | $\delta>100\%$<br>$T_i>5\text{min}$ |

均匀控制并不强调两个变量绝对均匀控制。比如上例，当$\delta=200\%$时，两个变量相对较均匀的控制。若工艺要求液位变量控制得好一点，可取$\delta=150\%$；若工艺要求流量变量控制得好一点，可取$\delta=250\%$。

### 2.2 串级型均匀控制系统

如图5.27所示，从系统的结构看，串级型均匀控制系统完全像一个串级控制系统。它能实现均匀控制，且要求乙罐进料量尽可能平稳，简单型均匀控制系统就不能满足要求。它同样是通过合理整定调节器参数达到均匀控制的目的。

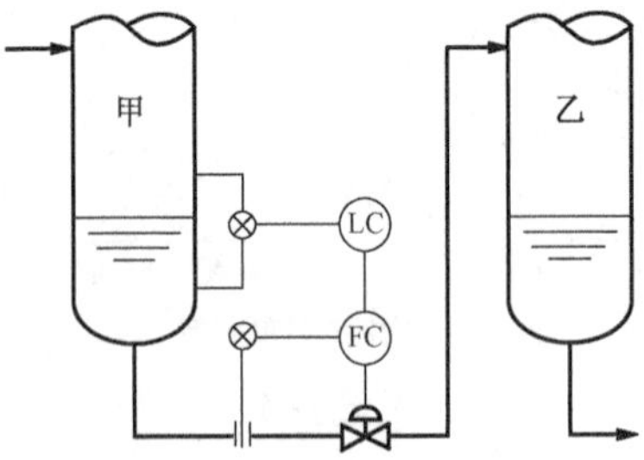


图5.27 串级型均匀控制系统

## 3 均匀控制系统特点

- 用一个调节器使两个被控变量都得到控制；
- 通过合理整定调节器参数实现均匀控制；

▶▶ 两个变量波动平稳、缓慢而兼顾。

**想一想？**

1. 均匀控制系统能使两个相互矛盾的变量都波动很小吗？
2. 均匀控制系统为何不加微分？

# 任务五　认识前馈控制系统

## 1　前馈控制的特点

反馈控制是根据被控变量的偏差进行控制的，它是闭环控制。尽管普遍采用反馈控制系统，但其也有本质上的弱点，只有在偏差形成以后，控制才会起作用，这种控制作用总是落后于干扰作用，是“不及时”的控制。如图 5.28 所示，温度反馈控制系统，当(主要干扰)进料量发生变化，约过1min 后，系统才会产生偏差，控制才会起作用。

前馈控制是根据干扰作用的大小进行控制的，其特点是当干扰产生后，被控变量还未变化之前，就根据干扰作用的大小进行控制，以补偿干扰作用对被控变量的影响，如图 5.29 所示。但前馈控制是开环控制，它与开环比值控制系统相似，被控变量是否控制在设定值的数值上是得不到检验的。所以，单独的前馈控制是较少采用的。

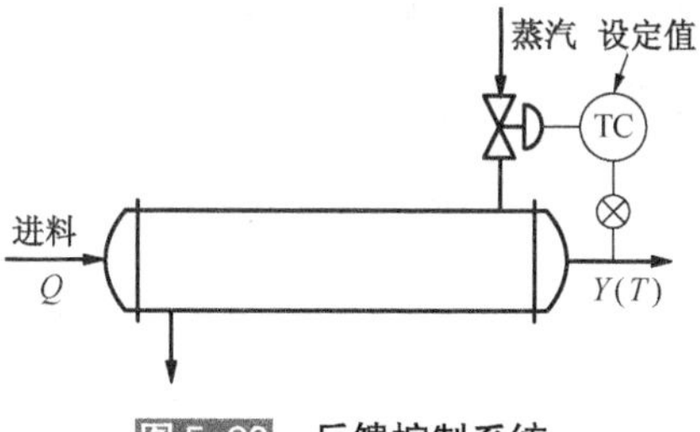

图 5.28　反馈控制系统

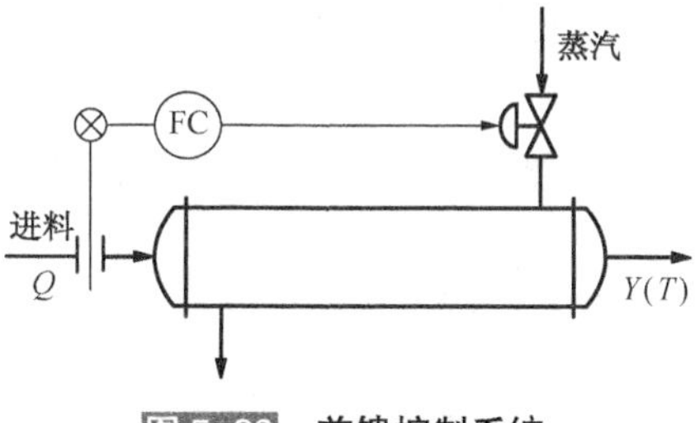

图 5.29　前馈控制系统

## 2　前馈 – 反馈控制系统

它是综合前馈控制和反馈控制各自的优点进行控制的。前馈控制克服主要的频繁的干扰影响；反馈控制克服其余干扰及前馈补偿不完全部分。见图 5.30

和图 5.31，这类系统可以获得良好的控制质量。

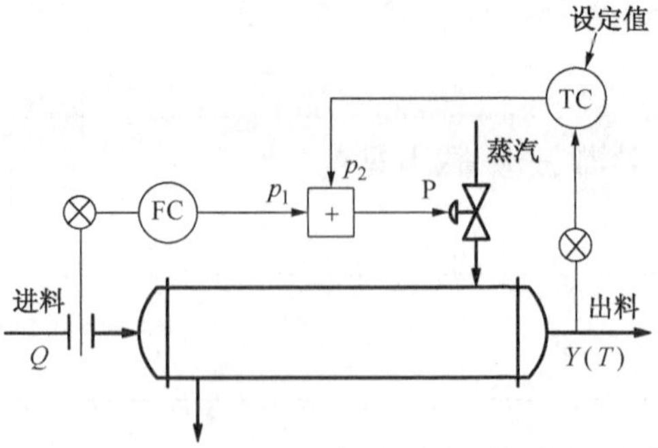


图 5.30 前馈 - 反馈控制系统

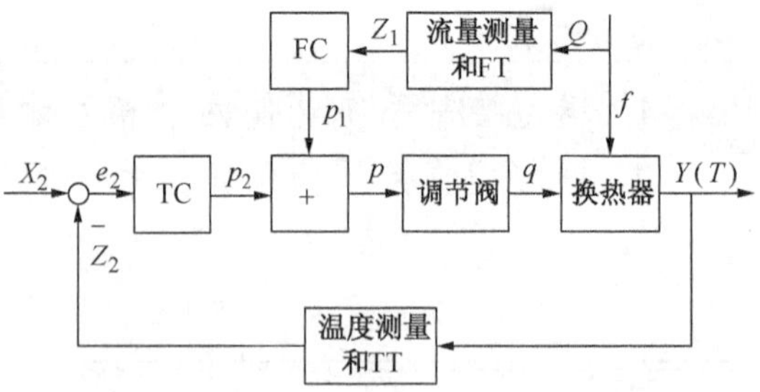


图 5.31 前馈 - 反馈控制系统的方框图

**想一想？**

为何前馈控制一般不单独使用？

## 任务六 认识选择性控制系统

### 1 选择性控制的基本原理

一般控制系统，都是在正常工况下工作的。当生产不正常时，通常的处理办法有两种，一种是改用手动遥控；另一种是联锁保护紧急停车，防止事故发生，即所谓硬限控制。由于硬限控制对生产和操作都不利，近年来多采用安全软限控制。

所谓软限控制，是当变量将要达到危险值时，就适当降低生产要求，让它暂时维持生产，并逐渐调整生产，使之朝正常工况发展，实现软限控制系统，即选择性控制系统，又称为取代控制系统。

### 2 选择性控制的方案

#### 2.1 选择器在调节器和调节阀之间

如图 5.32 所示，氨冷器是一个换热设备，利用液氨的汽化，需要吸收大量热量，以此来冷却工艺介质。它是以改变液位高度(即传热面积)来调节传热量的办法。但氨冷器的液位不能过高，否则，气氨中易带液，损坏后续的压缩机。为此，在温度控制系统基础上又叠加一液位控制系统，组成温度液位选择性控制系统。

正常工作时，a < b，低选器选择温度自动控制；当液位达到软限条件时，

a > b，自动切除温度自动控制，而液位自动控制投入运行，关小调节阀使液位脱离软限条件。当液位回到安全状态后，液位自动控制又让位于温度自动控制。

### 2.2 选择器在变送器和调节器之间

如图 5.33 所示，为触媒反应器中热点温度选择性控制系统。为防止反应温度过高烧坏触媒，在反应器的不同位置装设温度检测元件和变送器，其测量信号一起送往高选器，选出最高的温度进行控制，从而保证触媒的安全。

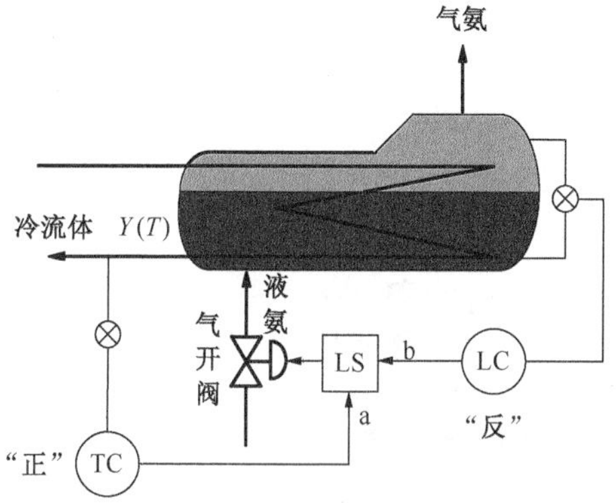


图 5.32 氨冷器温度液位选择性控制系统

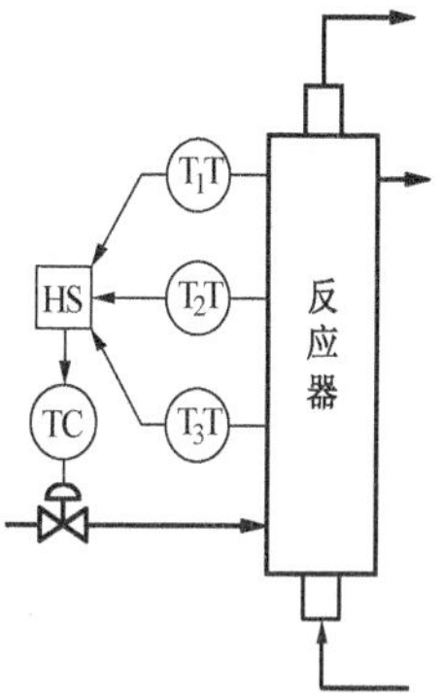


图 5.33 反应器热点温度选择性控制系统

**想一想？**

选择性控制系统是否可同时使用几个调节器控制一个调节阀？

**练一练**

1. 什么叫串级控制系统？有哪些特点？适用于什么场合？
2. 串级控制系统的参数如何整定？
3. 串级控制系统如何投运？
4. 什么是比值控制？比值控制系统有哪些常用类型？有何特点？
5. 什么是分程控制？怎样实现分程控制？
6. 举例说明分程控制的应用。
7. 均匀控制的目的和特点是什么？简单型均匀控制系统与简单控制系统有何异同点？
8. 比较前馈控制与反馈控制的不同点？
9. 为什么前馈控制一般要与反馈控制结合使用？
10. 选择性控制系统的任务是什么？试举例说明。
11. 如图 5.34 所示，是氯乙烯聚合反应器温度串级控制系统。要求：

(1) 指出主变量与副变量、主调节器和副调节器；

(2) 确定主、副调节器的正反作用；

(3) 说明主、副回路的工作过程；

(4) 画出系统的方框图。

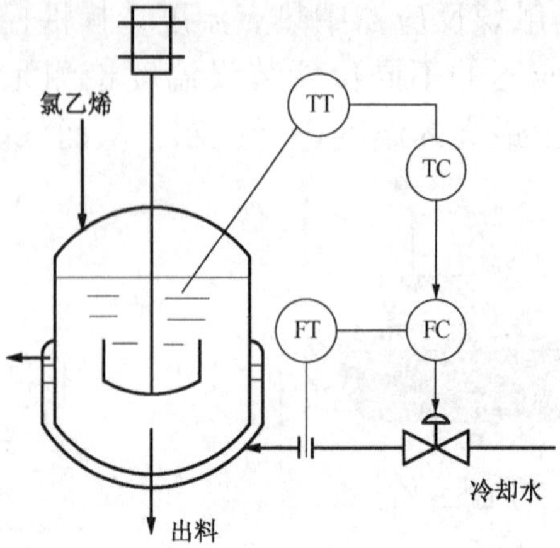


图 5.34　反应器温度串级控制系统

# 单元六　集散控制系统(DCS)

**单元目标**

（1）理解集散控制系统的基本组成和特点。
（2）了解 CS3000 系统整体结构和主要特点。
（3）了解 CS3000DCS 基本硬件组成和各部分作用。
（4）掌握 CS3000DCS 基本操作。
（5）了解 TDC－3000 系统构成和主要特点。
（6）了解现场总线控制系统的基本概念及技术特点。
（7）了解现场总线控制系统的构成。

集散控制系统是以微处理器为基础的对生产过程进行集中监视、操作、管理和分散控制的集中分散控制系统。该系统将若干台微机分散应用于过程控制，全部信息通过通信网络由上位管理计算机监控，实现最优化控制，整个装置继承了常规仪表分散控制和计算机集中控制的优点，克服了常规仪表功能单一，人—机联系差以及单台微型计算机控制系统危险性高度集中的缺点，既实现了在管理、操作和显示三方面的集中，又实现了在功能、负荷和危险性三方面的分散。DCS 系统在现代化生产过程控制中起着重要的作用。

## 任务一　认识集散控制系统（DCS）

### 1　概述

集散控制系统(Distributed Control System，简称 DCS)是控制技术(Control)、计算机技术(Computer)、通信技术(Communication)、阴极射线管(CRT)图形显示技术和网络技术(Network)相结合的产物，是一种操作和管理集中，控制功能分散，采用分级分层体系结构，局部网络通信的计算机综合控制系统，其目的在于控制和管理一个工业生产过程或工厂。

根据“危险分散”的设计思想，过去由一台大型计算机完成的功能，现在可以由几十台甚至几百台微处理机来完成。各微处理机之间可以用通信网络连接起来，从而构成一个完整的系统。系统中的一台微处理机只需要控制几个回路，即使某一微处理机发生故障，只影响它所控制的少数回路，而不会对整个系统造成严重影响，从而在很大的程度上使危险分散。同时用多台图形显示器监视着过程和系统的运行，实现操作和信息的集中管理。

## 2 集散控制系统的基本构成

集散控制系统的基本组成通常包括数据采集站、现场控制站、现场总线、操作站、工程师站、监控计算机、管理计算机和通信网络等部分，分四个不同的层次，见图6.1。

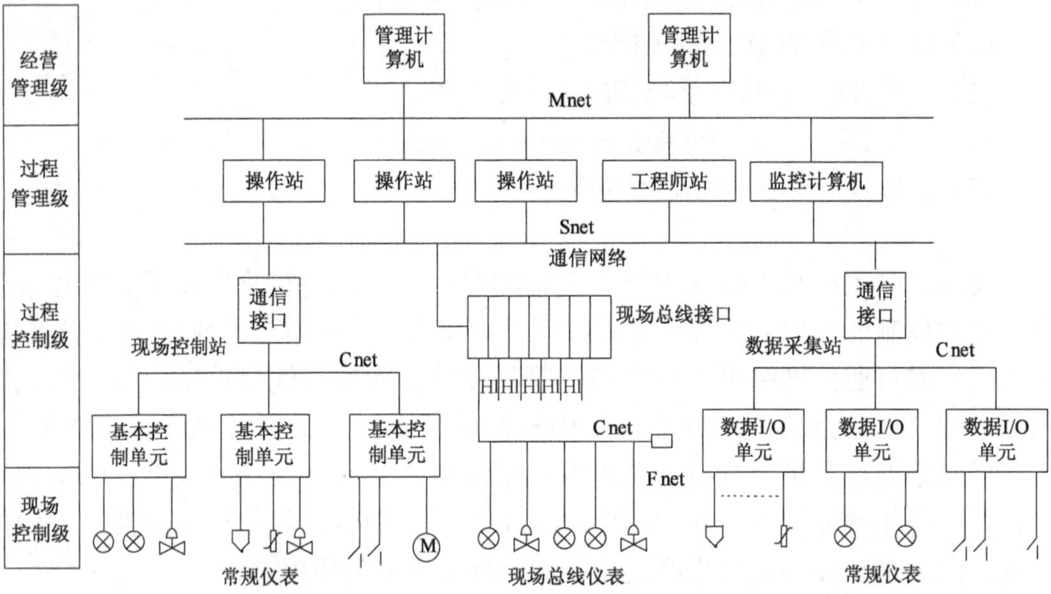


图6.1 先进的大规模集散控制系统的体系结构

图6.2和图6.3为集散控制系统基本构成图和横河CENTUM－CS3000系统外观图，图中前排为操作员站和工程师站；后排为现场监测站又叫数据采集站和现场控制站。

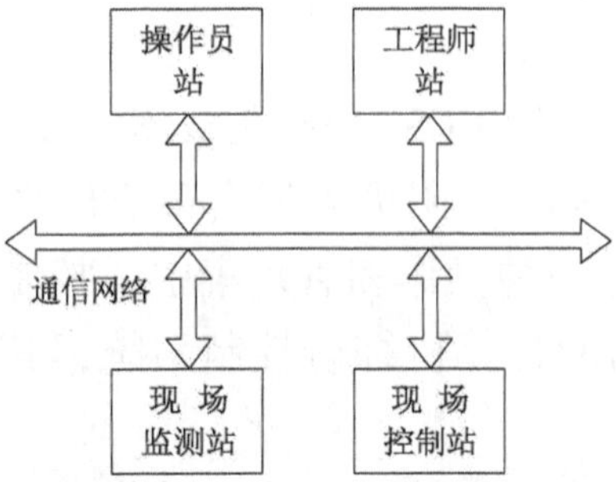


图6.2 集散控制系统基本构成图

图6.3 CENTUM－CS3000系统外观图

## 2.1 各部分功能

### 数据采集站

通过现场仪表直接与生产过程相连接，对过程非控制变量进行数据采集和预处理，并对实时数据进一步加工，为操作站提供数据，实现对过程的监视和信息的存储，为控制回路的运算提供辅助数据和信息。

### 现场控制站

现场控制站通过现场仪表直接与生产过程相连接，采集过程变量信息，并进行转换和运算等处理，产生控制信号以驱动现场的执行机构，实现生产控制，可自主地完成回路控制任务，实现反馈控制、逻辑控制、顺序控制和批量控制等功能。

### 现场总线

在有些先进的 DCS 监控网络上可以挂接现场总线服务器(Fieldbus Server, FS)，实现 DCS 网络与现场总线的集成。现场总线服务器是一台安装了现场总线接口卡与 DCS 监控网络接口卡的完整的计算机。现场设备中的输入、输出、运算等功能模块，可以在现场总线上独立构成控制回路。

所有现场总线上的仪表都必须是智能型的，带有 CPU，信号传输都是数字信号。

### 操作站

操作站是操作人员对生产过程进行监视、操作控制和管理的主要设备，用以实现集中监视、操作和信息管理等功能。

### 工程师站

工程师站用于对 DCS 进行离线的组态工作和在线的系统监督、控制与维护。

监控计算机　通过网络收集系统中各单元的数据信息，根据数学模型和优化控制指标进行后台计算，优化控制等，还用于全系统信息的综合管理。

管理计算机　大规模的集散控制系统才具备这一级，它所面向的使用者是厂长、经理、总工程师等行政管理或运行管理人员，主要功能是监视企业各部门的运行情况，利用历史数据和实时数据预测可能发生的各种情况进行决策，实现企业计划目标。

通信网络　连接 DCS 的各操作站、工程师站、监控计算机、现场控制站、数据采集站、现场总线等部分，传递各工作站之间的数据、指令及其他信息，使整个系统协调一致地工作，实现数据和信息资源的共享。

**小结**

操作站、工程师站和监控计算机构成了 DCS 的人机接口，用以完成集中监视、操作、组态和信息综合管理等任务。

现场控制站和数据采集站构成 DCS 的过程接口，分别用以完成分散控制和数据采集与处理任务。

通信系统是连接 DCS 各部分的纽带，是实现集中管理、分散控制目标的关键。

### 3 集散控制系统的特点

- 系统构成灵活。
- 操作管理便捷。
- 控制功能丰富。
- 信息资源共享。
- 安装调试简单。
- 安全可靠性高。
- 性能价格比高。

### 4 总结

DCS 通过操作站对整个工艺过程进行集中监视、操作、管理，通过控制站对工艺过程各部分进行控制，既不同于常规仪表控制系统，又不同于集中式的计算机控制系统，而是集中了两者的优点，完善了它们各自的不足，DCS 以其可靠性、灵活性、人机界面友好性及通信的方便性等特点日益被广泛应用。

总之，危险分散、管理集中是 DCS 的基本设计思想；分级递阶分布式结构灵活、易扩展是 DCS 的主要特点。

## 任务二　认识 CENTUM-CS3000 集散控制系统

### 1 系统概述

CENTUM－CS3000(简称 CS3000)是日本横河公司最新开发的一种新型集散控制系统，该系统面向大中型生产装置，是一套可靠、稳定、开放的以 Windows2000或 WindowsXP 为操作系统的新一代集散控制系统。

CS3000 系统结构十分灵活，可根据用户的需要配置不同规模的系统。CS3000 拥有传统 DCS 所具有的功能和特点，同时支持 HART 和基金现场总线，可以与其他 DCS、PLC、ESD 厂家的系统进行数据通信，还可以实现工厂一体化管理。

## 2 系统构成

最小配置的域中包括一个现场控制站 FCS 和一个操作站 HIS。最大配置的域中可以包含 FCS、HIS、总线转换器 BCV 等设备，总共最多 64 个站，其中 HIS 最多 16 个，最大可监视 100000 位号数。

CS3000 系统是由操作站、现场控制站、工程师站、通信总线、通信网关等部分组成的，如图 6.4 所示。

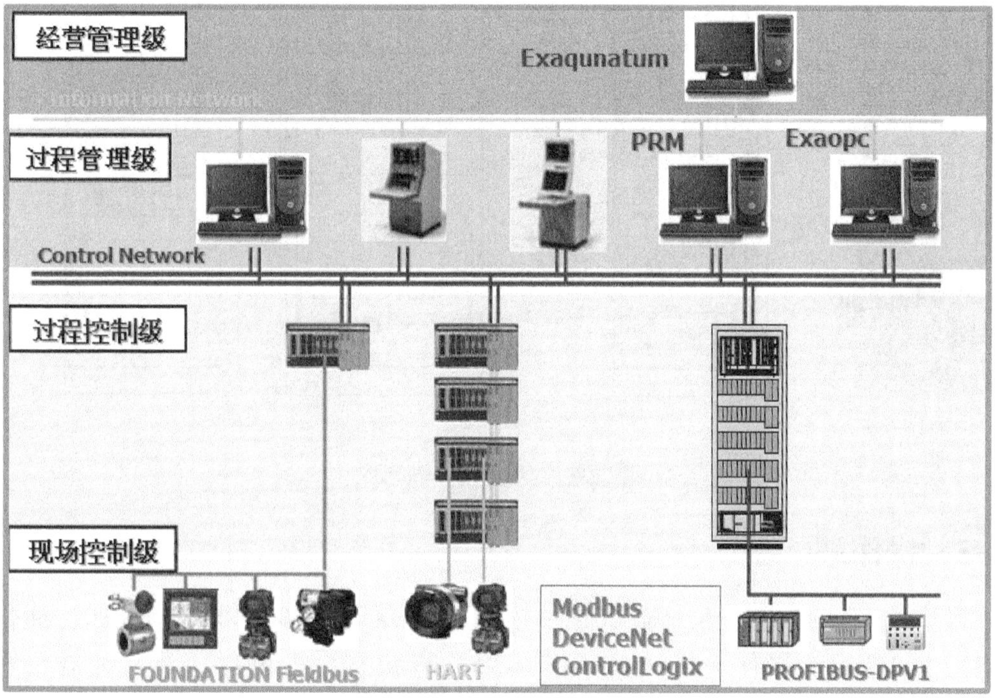


图 6.4 CS3000 系统结构

## 3 系统特点

›› 开放性：OPC(对象链接嵌入技术)以及 DDE(动态数据交换)作为过程控制的标准接口，应用编程接口，与其他控制系统进行通信。

›› 强大的工程师组态功能：组态功能强、人机界面功能丰富、支持离线仿真测试功能。

›› 操作环境优化、延续性强：采用 Windows 操作系统，可随计算机水平的不断提高而同步升级。

›› 可靠性强：网络、控制器、电源、I/O 模件完全冗余，系统安全稳定可靠。

›› 规模可变。

# 4 现场控制站

现场控制站 FCS 是整个 CS3000 的控制核心，用于过程 I/O 信号输入/输出及处理，完成连续控制、顺序控制、实时运算等实时控制功能，见图 6.5。

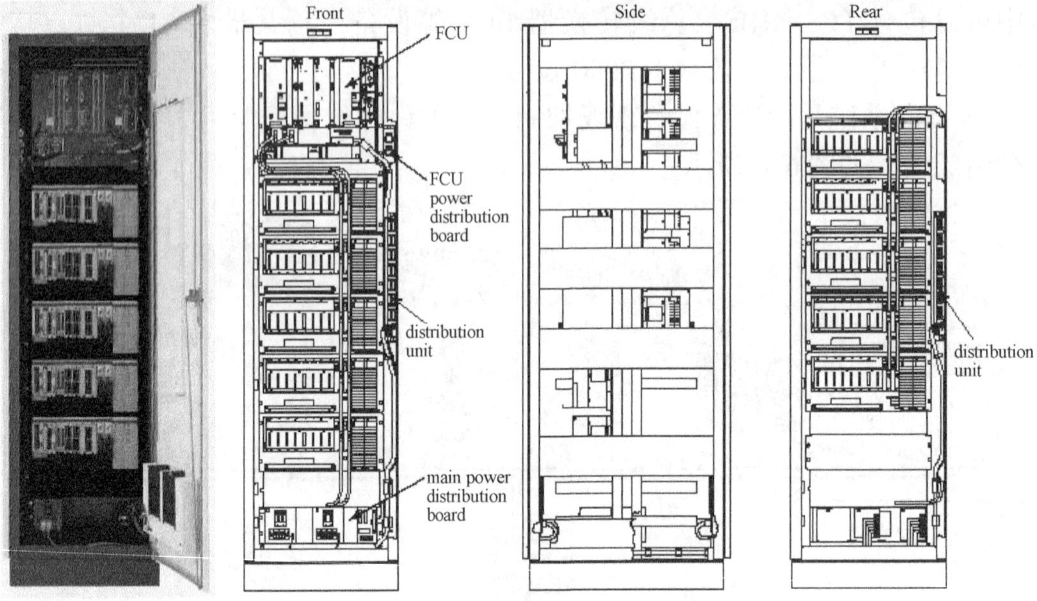


FCS机柜外形　　正　　侧　　背

**图 6.5　现场控制站 FCS**

# 5 操作站

操作站 HIS 是由主机、显示器及横河公司专用操作员键盘、鼠标、通信卡等组成。HIS 可为操作人员快速了解装置运行状态，提供过程量、控制参数和报警显示等信息，主要用于操作和监视，见图 6.6 和图 6.7。

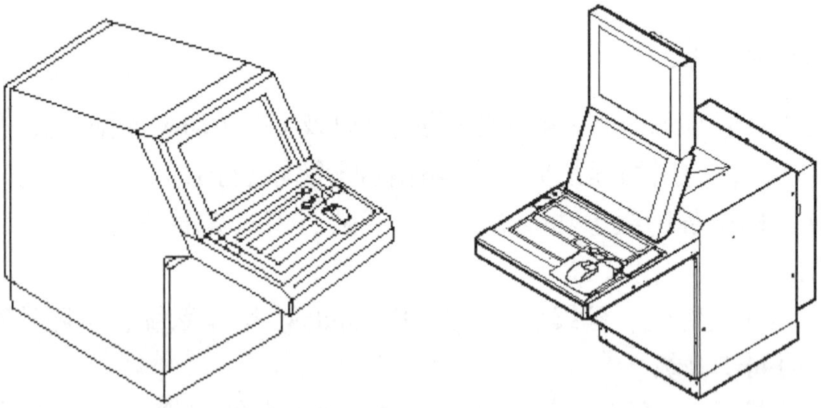

封装显示器(CRT)　　开放显示器(LCD)

**图 6.6　台式 HIS 的两种形式**

图 6.7　操作站 HIS

# 6　通用操作

## 6.1　操作员键盘

在键盘左上角的方式选择钥匙，可选择 OFF(操作员)、ON(班长)和 ENG(工程师)三种不同的安全级别，以确定操作者的权限。操作员键盘主要由四部分组成，如图 6.8 所示。

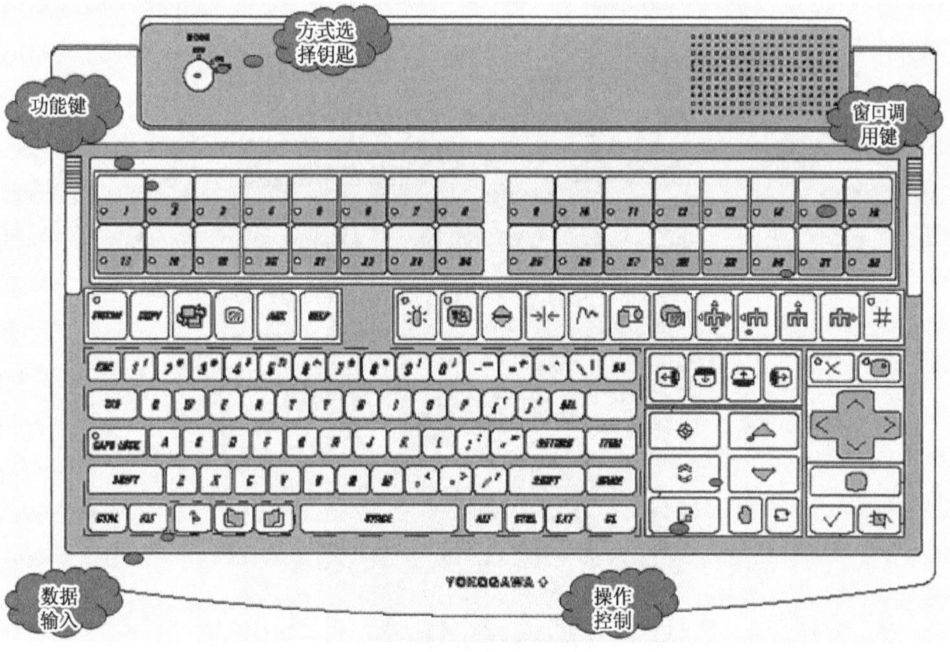


图 6.8　操作员键盘

功能键区。功能键区上的每个键可按用户需要，定义各功能，利用 32 个功能键，可方便地调出流程图、仪表面板等操作和监视窗口。

窗口调用键区。利用窗口调用键，可调出所需的各种不同的窗口界面，进行操作和监视。

数据输入区。利用数据输入键，可对各种所需项目的数据进行输入，如 SV 值、MV 值等。

操作控制区。利用操作功能键，可进行手动、自动、串级切换，并对相应值进行更改；可进行报警确认和消音，信息的确认和删除以及光标移动等操作。

## 6.2 系统信息窗口

系统信息窗口工具栏如图 6.9 所示。该窗口始终出现在屏幕最顶端，以方便日常操作。操作菜单示意如图 6.10、图 6.11 所示。

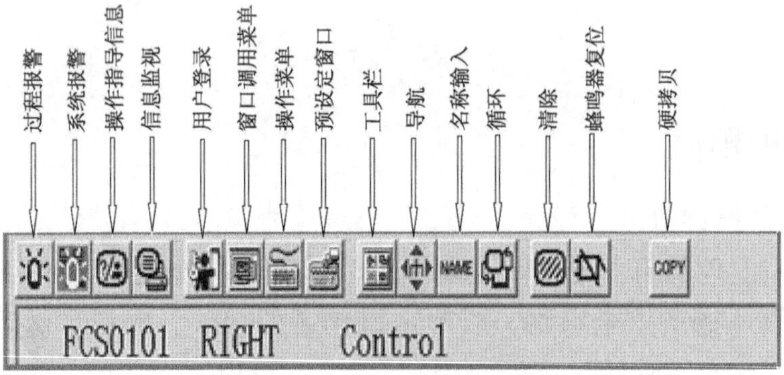


图 6.9 CS3000 系统信息窗口工具栏

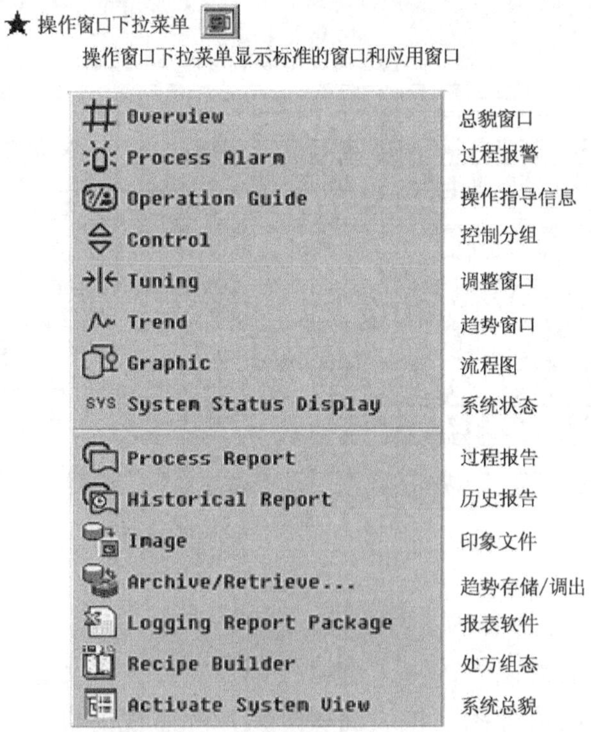


图 6.10

★ 操作菜单 

操作菜单是针对窗口操作顺序的一个寻根菜单。

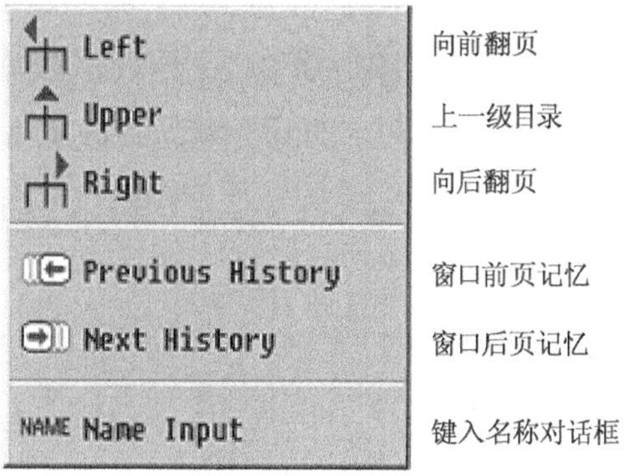


图 6.11

## 6.3 数据输入

根据操作需要，数据输入有很多方法，如仪表面板的数据输入区、调整窗口的数据区域、流程图的数据输入区等，见图 6.12。

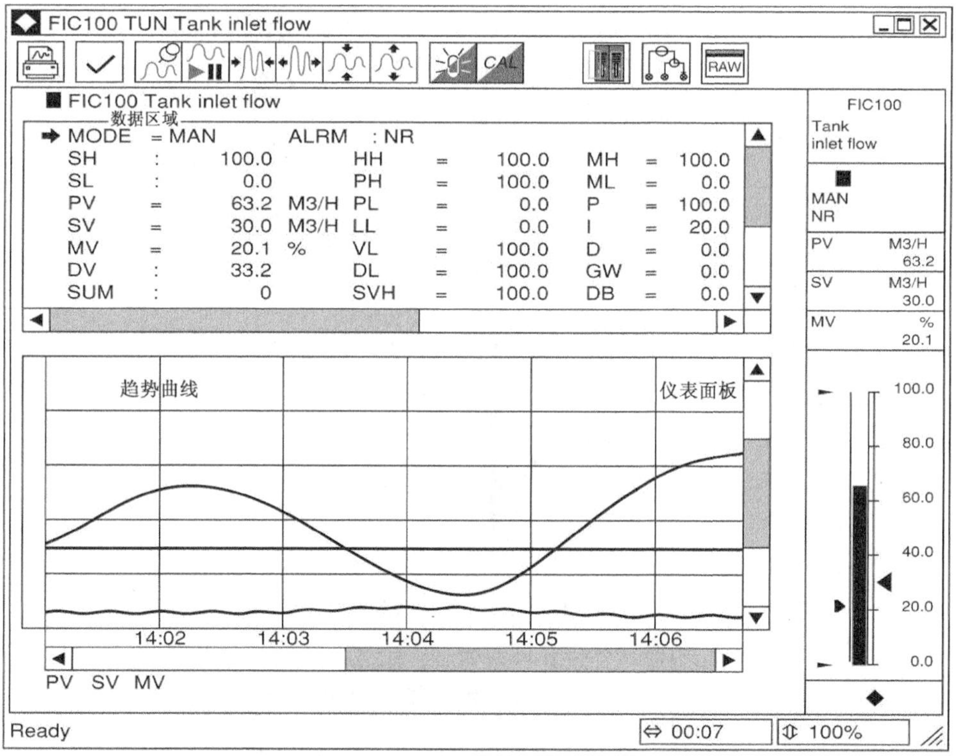


E040301E.EPS

图 6.12 调整窗口数据输入操作

## 6.4 仪表面板操作

仪表面板窗口以窗口形式显示一个功能块状态仪表面板图。通过该窗口不仅可以监视每个功能块的运行情况，而且还可以像操作模拟仪表面板一样改变或设定功能模块的过程参数和回路状态，只要双击仪表面板上的过程参数或工作方式，即可打开设置数据对话框或回路状态更改对话框进行修改，如图 6.13 和图 6.14 所示。

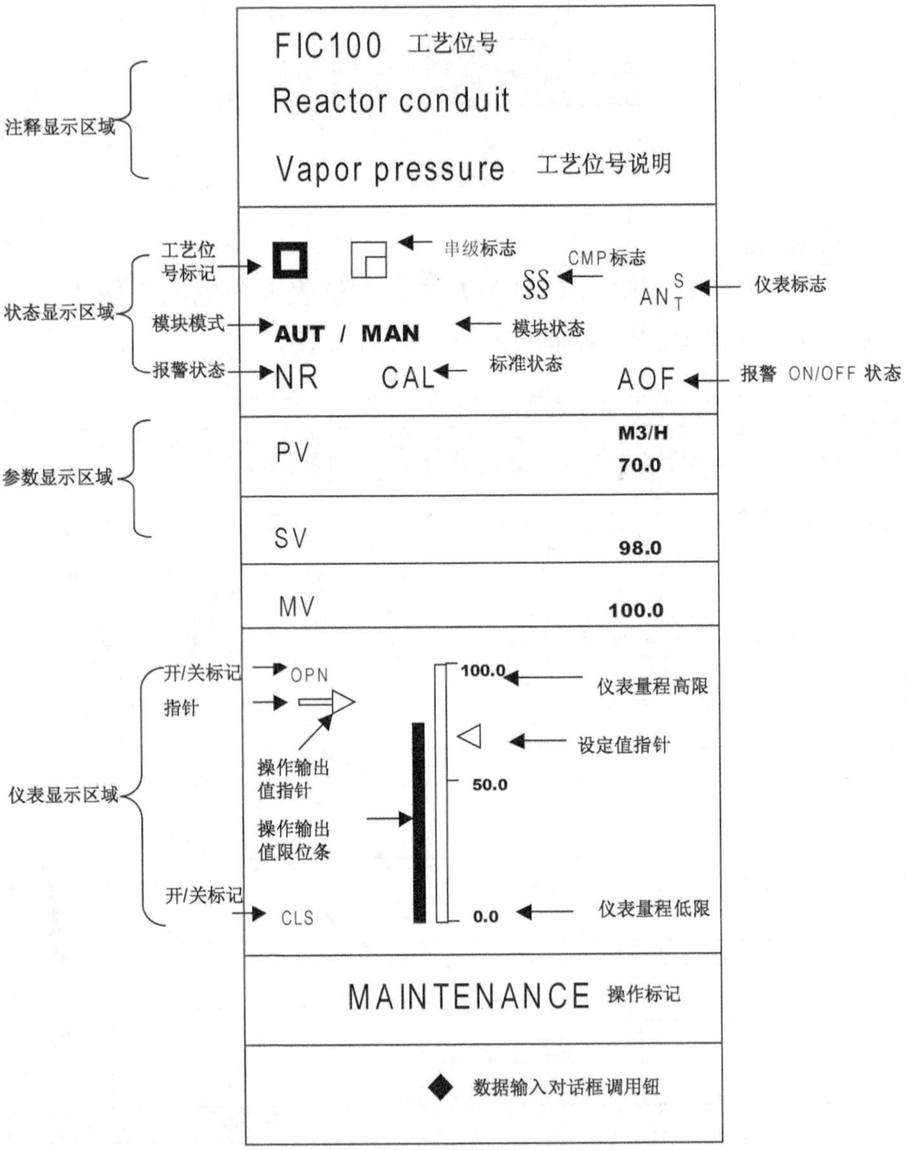


图 6.13 仪表面板窗口说明

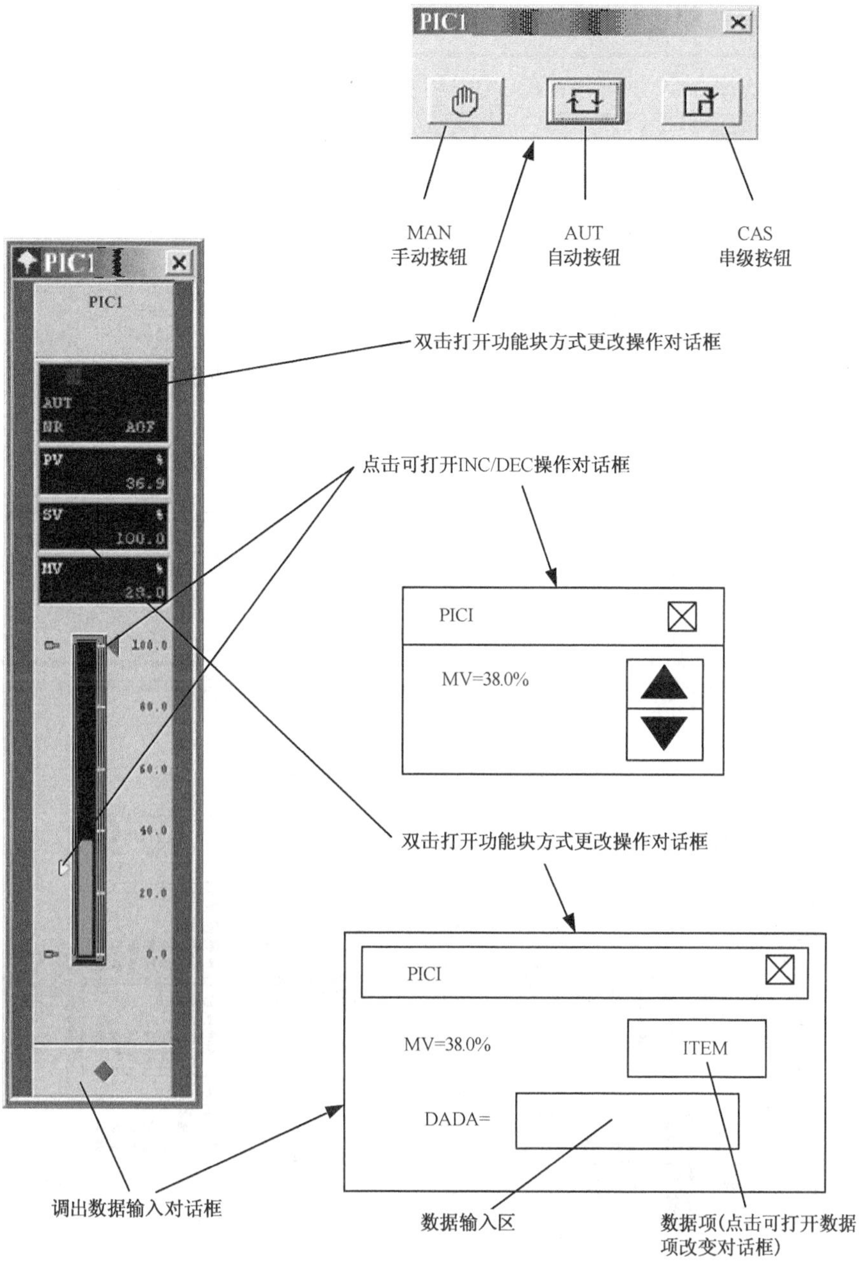


图6.14 更改工作方式和修改数据操作示意图

# 7 窗口的监视和操作

## 7.1 总貌窗口(Overview Window，简写 OV)

总貌窗口图标 。

总貌窗口是窗口的目录，是窗口的管理器，每一页总貌可以显示 32 个块，这些块可以定义为显示某一仪表面板、调用一个窗口、显示报警信息等，通过该总貌窗口可以一览整个生产过程或全厂生产情况。总貌窗口也可以和其他流程图一起显示过程总貌，见图 6. 15 和图 6. 16。

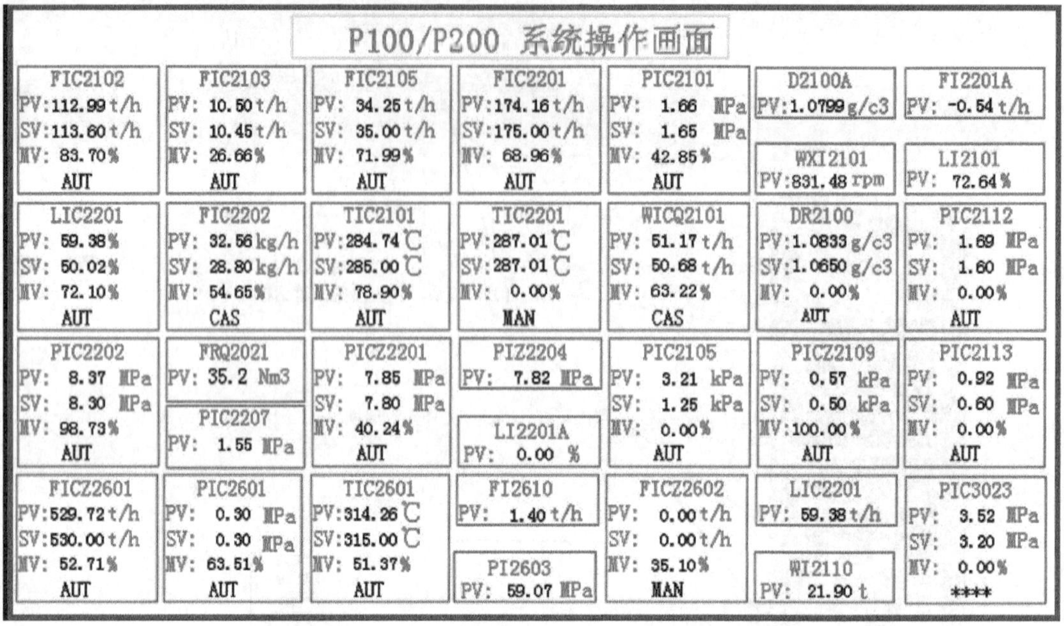


图 6. 15　精对苯二甲酸(PTA)装置控制系统总貌窗口

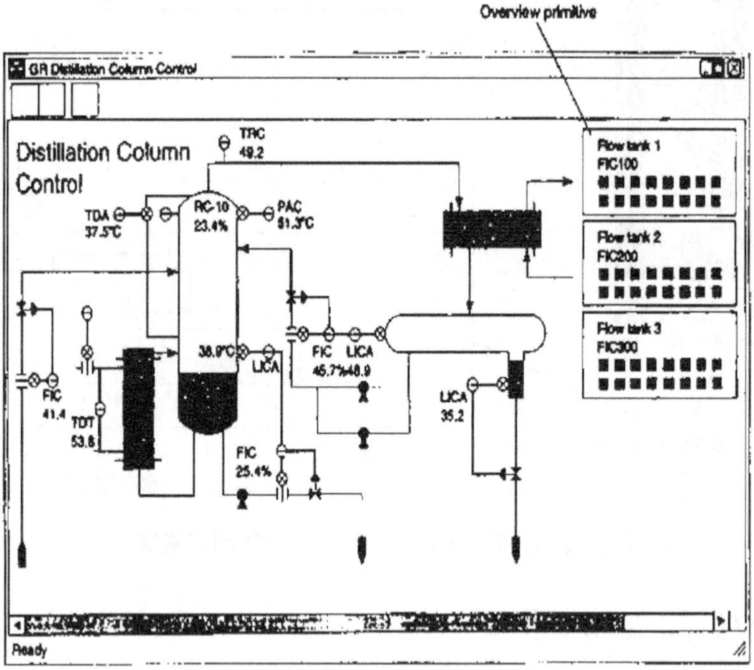


图 6. 16　过程总貌窗口

## 7. 2　控制组窗口(Control Window，简写 CG)

控制组窗口图标 ⇔。

操作员可通过该窗口，实现数据的设定、更改及运行方式的变更等操作，也可调出某一位号的单个仪表面板进行显示和操作，见图6.17。

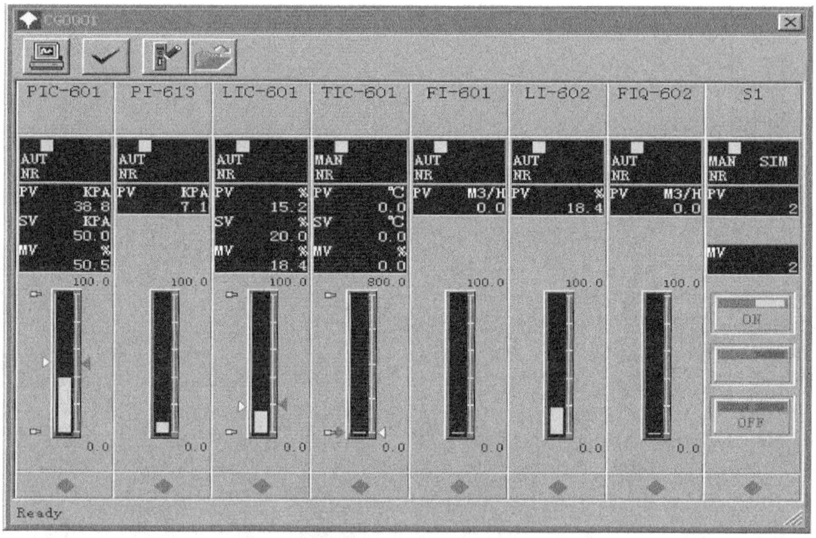


图6.17　控制组窗口

## 7.3　调整窗口(Tuning Window，简写TUN)

调整窗口图标。

调整窗口是每一个仪表工位标准配备的，标准参数有：当前的数据值(测量值、设定值、输出值)、当前的回路状态(手动、自动、串级)、报警的限定值、进入窗口时开始记录的实时趋势，如果是调节器，还有PID参数等。“:”状态表示当前安全级别下，数据不能修改，“=”状态表示当前安全级别下，数据能修改，见图6.18。

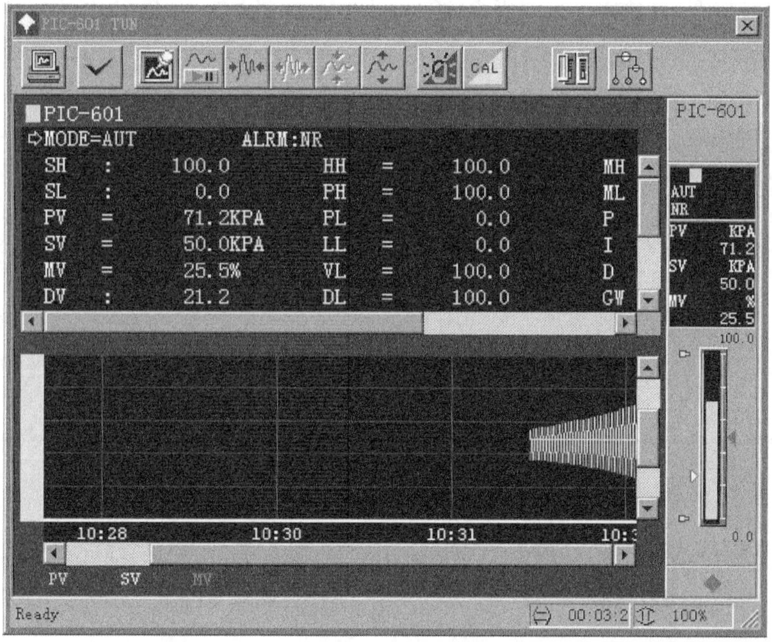


图6.18　调整窗口

## 7.4 趋势窗口(Trend Window，简写 TG)

趋势窗口图标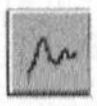。

趋势窗口可根据工艺装置及控制关系来分配，最多可同时显示 8 块仪表的记录曲线，见图 6.19。

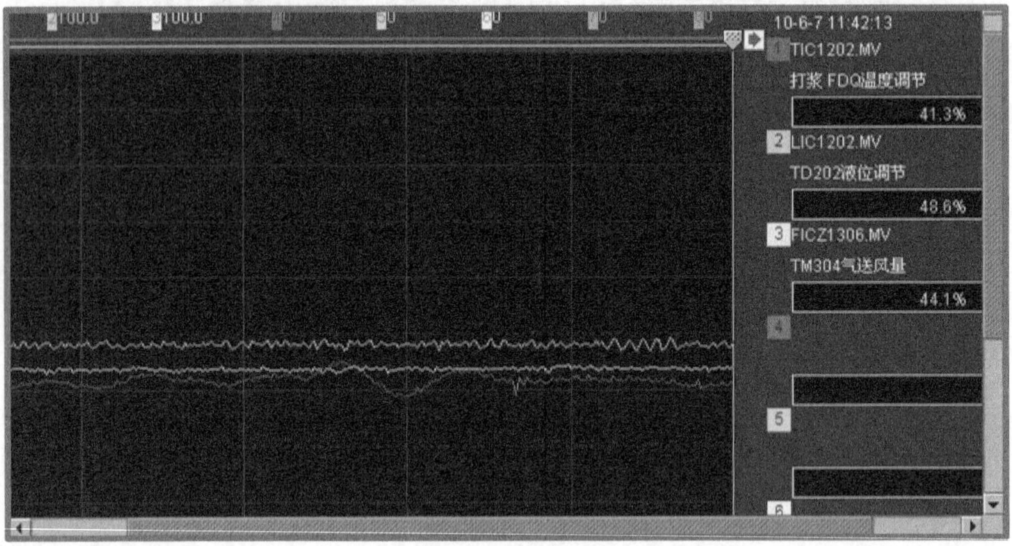


图 6.19 趋势窗口

## 7.5 过程报警窗口(Process AlarmWindow，简写 PAL)

过程报警图标。

过程报警按产生的先后顺序显示过程报警和通告信息，最新的报警在最上面。当一个报警信息产生时，报警蜂鸣器鸣响，系统信息窗口中按钮点亮，操作员键盘键灯闪烁，以提示操作人员，见图 6.20。

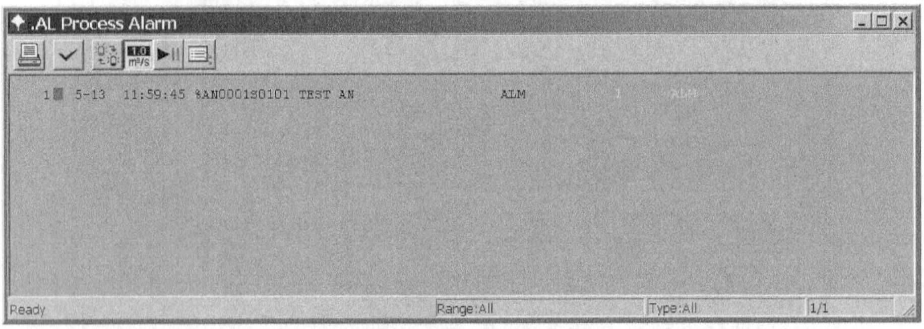


图 6.20 过程报警

## 7.6 流程图窗口(Graphic Window，简写 GR)

流程图窗口图标。

流程图窗口是工厂生产过程和控制系统的图形缩影，是装置过程的全动态模拟流程图，用户可以通过流程图画面来监视、操作和控制生产过程，见图6.21。

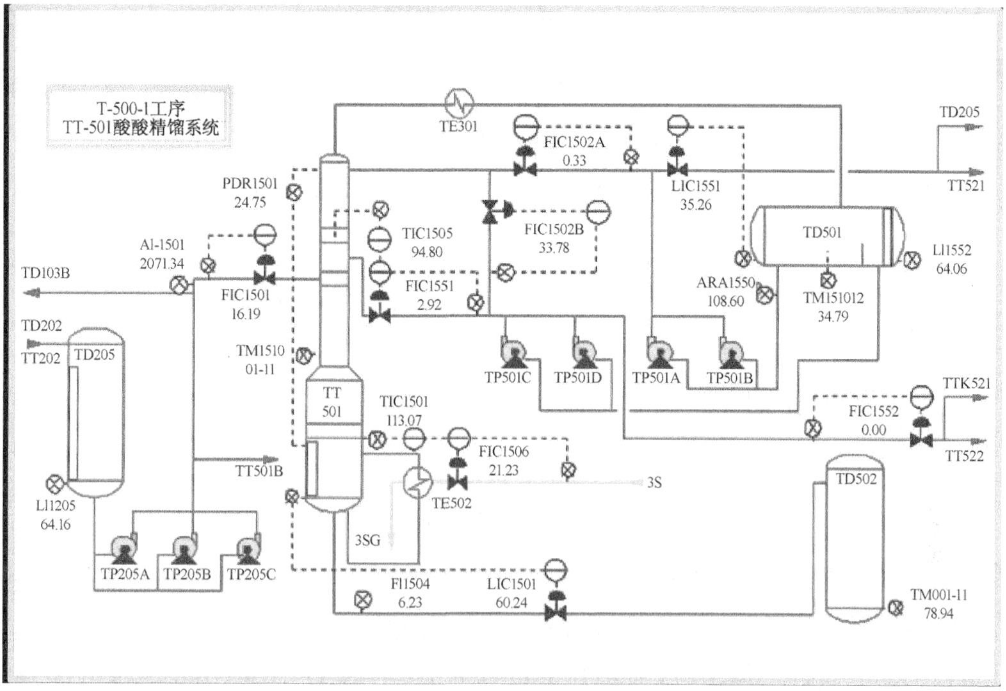


图6.21　对苯二甲酸(TA)装置流程图窗口

## 任务三　认识TDC-3000集散控制系统

### 1　系统概述

1988年，美国Honeywell公司在原来TDC-2000集散控制系统的基础上，经过多年技术开发和产品更新改进，推出了TDC-3000(UCN)集散控制系统。系统增加了万能控制网络(UCN)、万能工作站(UWS)、过程管理站(PM)、智能变送器ST3000等新产品；在控制功能、开放式通信网络、综合信息管理等方面进一步得到加强。

### 2　系统构成

TDC-3000系统由LCN网络及其模件、UCN网络及其管理站和DHW通信通道及其设备等组成，如图6.22所示。

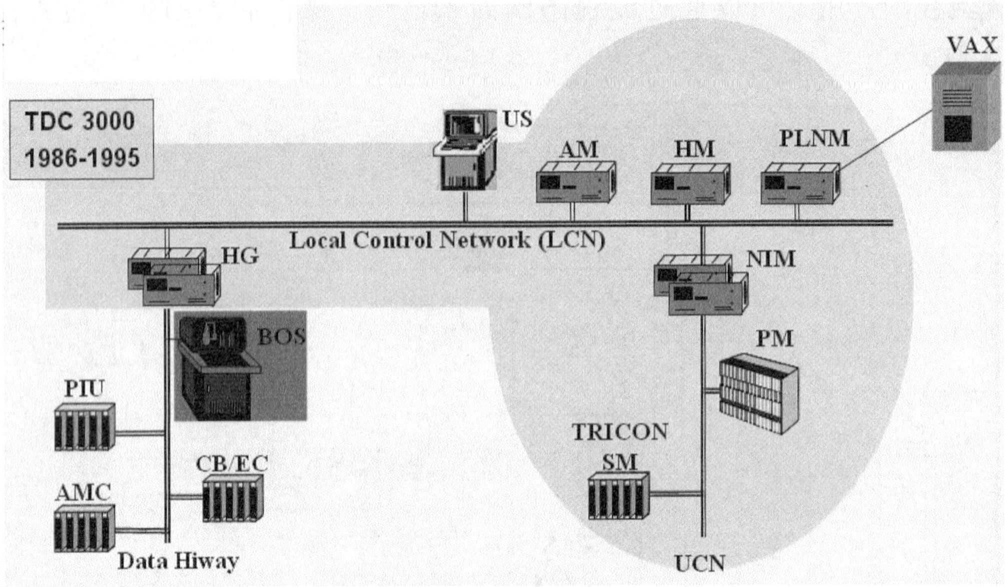


图 6.22 TDC－3000 系统构成

### 2.1 局部控制网络及其模件

局部控制网络(LCN)及其所连接的模件由 LCN 和万能操作站 US、万能工作站 UWS、历史模件 HM、应用模件 AM、网络接口模件 NIM、高速通道接口 HG 等组成。它主要完成用户需要的各种功能，如系统的监视、操作、工程管理和维护；用于先进控制和综合信息处理；提供与过程控制网络之间的连接；实现 LCN 网络上模件之间的通信、信息处理与存储。

### 2.2 万能控制网络及其管理站

万能控制网络(UCN)用于与其连接的过程管理站 PM、逻辑管理站 LM 等通信，是实现数据采集与控制功能的过程网络。通过网络接口模件(NIM)与局部控制网络(LCN)相连，实现用户需要的监视、操作、信息管理和系统维护等功能。

### 2.3 数据高速通道及其设备

DHW 是系统的数据高速通道，用来连接基本控制器(BC)、增强控制器(EC)、多功能控制器(MC)、先进多功能控制器(AMC)、过程接口单元(PIU)、基本操作站(BOS)等单元通信，实现生产过程的控制和数据采集。通过高速通道接口(HG)与局部控制网络(LCN)相连，实现用户需要的监视、操作、信息管理和系统维护等功能。

## 3 系统特点

- 开放式系统。可以实现与非 Honeywell 公司设备的互连。
- 递增的分级控制。系统可提供三个等级的分散控制。

>> 范围广泛的数据采集与控制功能。

>> 面向过程的单一窗口。

>> 工厂综合管理、控制一体化。

>> 系统规模配置灵活且扩展方便。系统可根据生产的发展，灵活地扩展其控制规模等。

>> 系统安全可靠、便于维修。系统在整体设计上，采用容错技术，硬件和软件中容许错误存在，且具有错误检测与纠正组件。系统广泛采用冗余技术。系统提供联锁保护、具有自诊断和自纠正等功能，性能价格比高。

>> 真正的分散。系统是真正的分散控制系统，一是功能分散，各模件功能是独立的。二是危险分散，系统中各模件或装置的故障只影响其自身的某些功能，而不会影响其他组件。

>> 新老系统兼容。

## 4　用户操作站的基本操作

用户键盘分为操作员键盘和工程师键盘。

如图 6. 23 所示，操作员键盘的右半部分是系统已经定义好的功能键和辅助键，左半部分是可供用户组态定义的功能键。在用户组态定义的功能键上方，有一个黄色和一个红色液晶显示灯，提示和该控制键相关的操作过程报警信息。

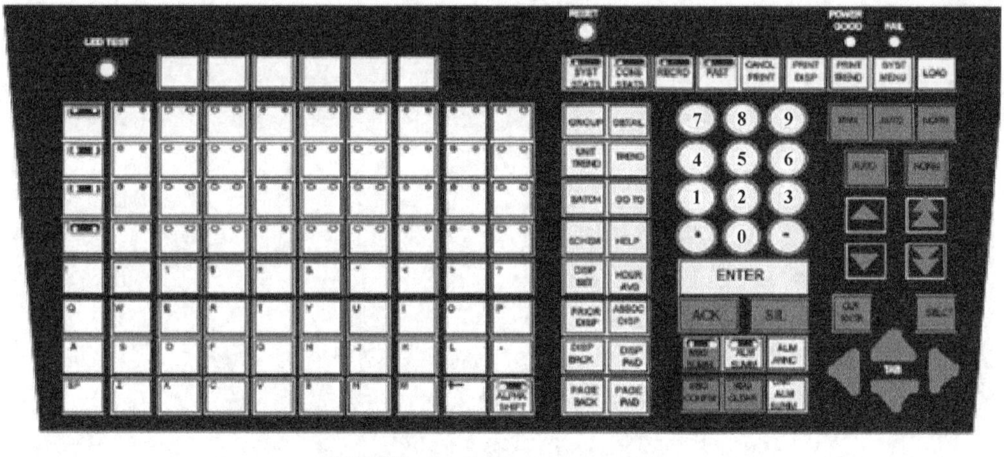


图 6. 23　操作员键盘(OEP 键盘)

## 5　用户操作站的各种组态画面

用户操作站有多种组态画面，包括细目显示画面、流程图画面、含趋势子图的流程图画面、区域趋势画面、组趋势画面、小时平均值画面、区域报警摘要画面等。见图 6. 24 ~ 图 6. 27。

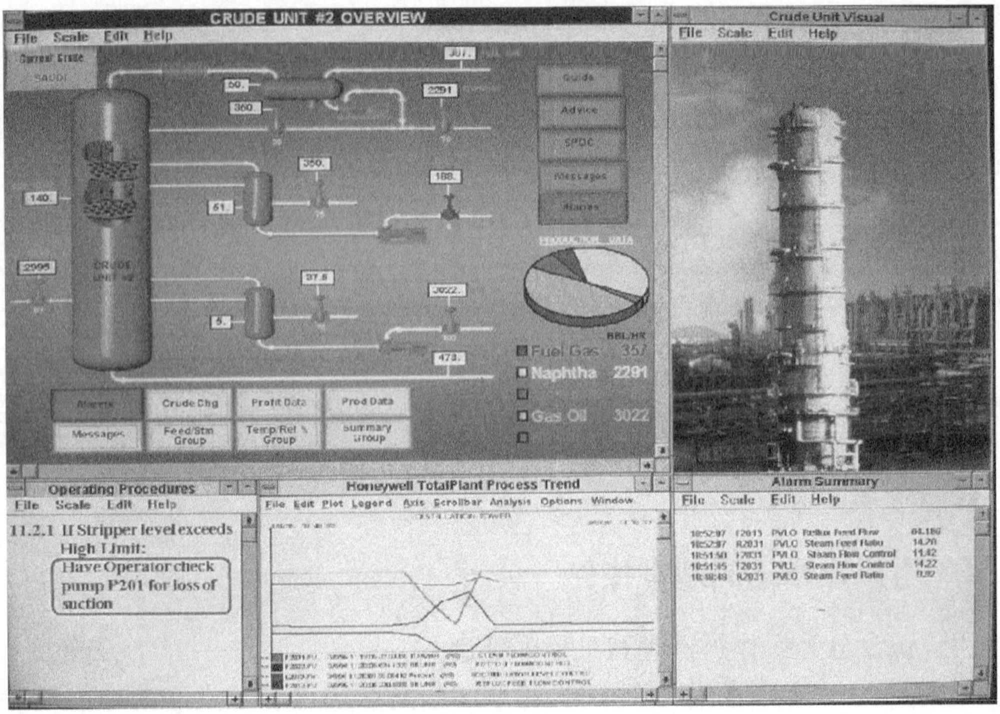


图 6.24 工厂过程流程图显示画面

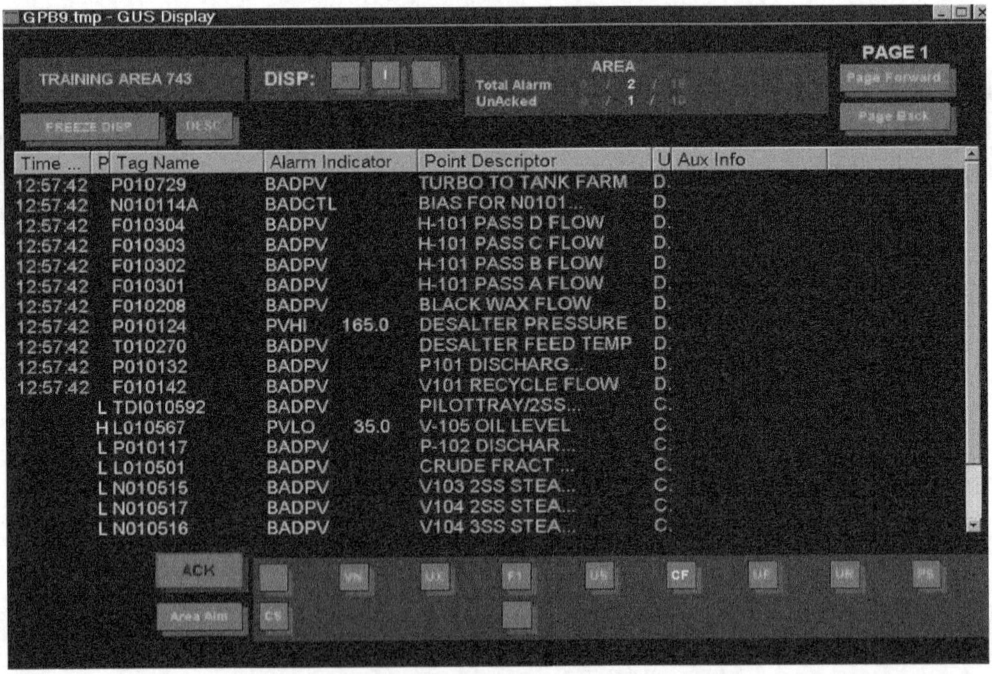


图 6.25 智能报警画面

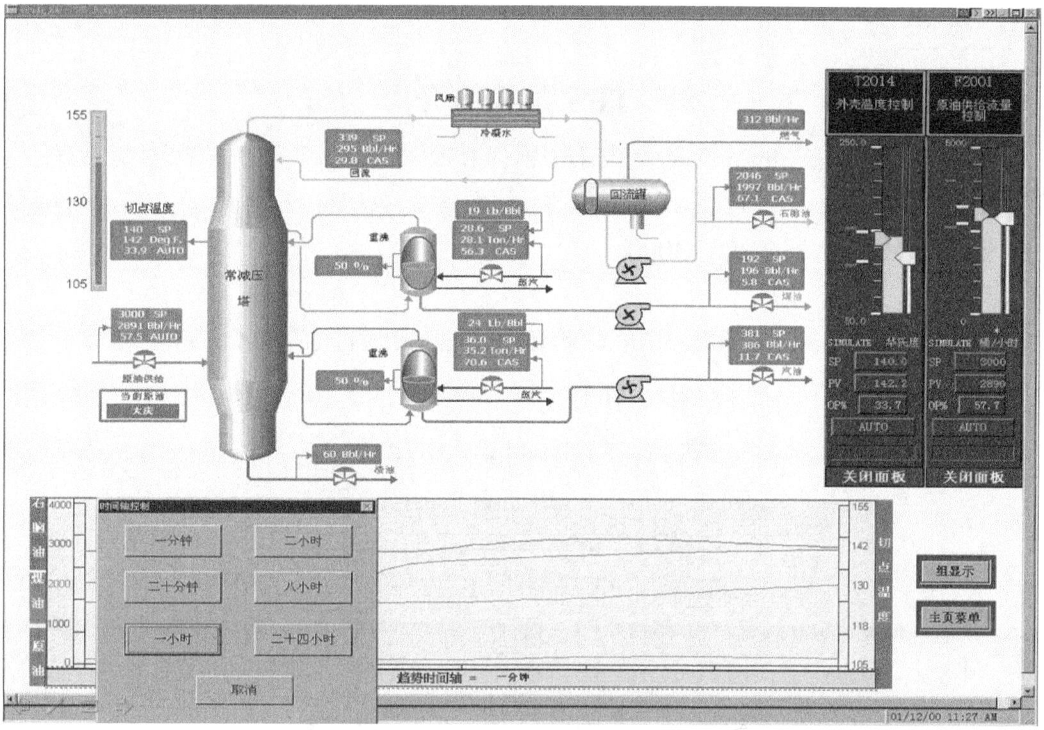


图 6.26　含趋势子图的流程图画面

图 6.27　控制组画面

知识窗

# TPS系统简介

TPS(TotalPlantSolution)是美国Honeywell公司研制的一种集散控制系统，是将整个企业的商业信息与生产过程控制系统集成在一个平台上的全厂一体化解决方案，它的前身是TDC－3000。

TPS系统构成

TPS系统与Honeywell公司先前的TDC－2000、TDC－3000完全兼容。

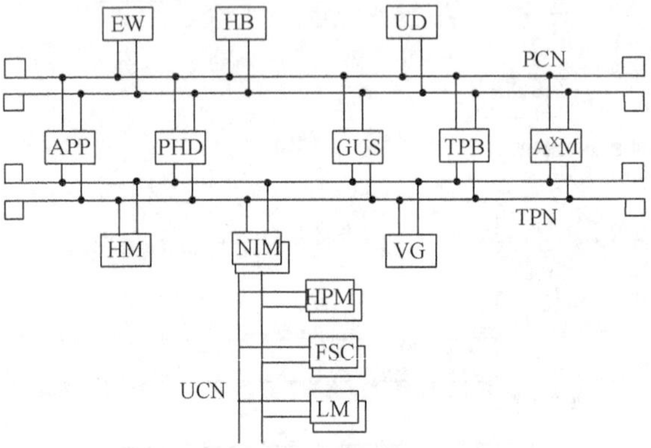


TPS系统构成

HM—历史模件；NIM—网络接口模件；UCN—万能控制网络；HPM—高性能过程管理站；
FSC—故障安全控制器；LM—逻辑管理站；VG—多种网关；APP—应用处理平台；
PHD—过程历史数据库；GUS—全局用户操作站；TPB—全厂一体化批量控制器；
$A^xM$—带X－Windows应用模件；TPN—TPS过程控制网络；EW—工程师工作站；
HB—国际/国内网络浏览器；UD—性能集成平台；PCN—工厂控制网络

1　工厂信息网络

工厂信息网络(Plant Information Network，PIN)通过GUS、PHD、APP等节点与TPS过程控制网络(TPN)直接相连，实现信息管理系统与过程控制系统的集成。

操作级TPN有限度的开放以保证系统的安全，而控制级UCN网络仅对与控制有关的模件开放，极大限度的满足了工厂对于安全控制的要求。

2　万能控制网络(UCN)及其模件

万能控制网络(UCN)及其模件各组成部件的功能可参考(TDC3000系统)

- 组成：UCN、高性能过程管理器(HPM)、先进过程管理器(APM)、过程管理器(PM)、逻辑管理器(LM)、故障安全控制器(FSC)等
- 性能：UCN采用双重冗余，由冗余的同轴电缆组成，整个网络具有点对点(Peer to Peer)的通信功能，使得网上HPM、APM、PM、LM、FSC之间可以共享网络数据。UCN上可挂接32个冗余的UCN设备，通信速率是5Mbps，载波、令牌总线网络通信

### 3　TPS过程控制网络及其模件

- TPS过程控制网络及其模件
  - 组成
    - TPS过程控制网络（TPN）、全局用户工作站（GUS）、历史模件（HM）等
  - 过程控制网
    - 功能
      - 用于模件之间通信，通过人机接口实现先进控制策略和综合信息处理功能。TPN是有条件完全开放系统
    - 性能
      - 通信速率为5Mbps，采用国际标准IEEE802.4令牌总线协议，带有传输数据错误检查功能，连接的节点是最多可达64个，通信距离一般为300m，最远距离可达4.9km
  - 模件
    - 全局用户工作站（GUS）
      - TPN上的一个节点，TPS系统的主要人机接口是Windows2000作为操作系统、具有两个处理器的高性能操作站。它向下与TPN相连，向上可直接与PIN及Intranet相连
    - 历史模件（HM）
      - 系统软件、应用软件和历史数据的存储单元，HM可以将过程的历史数据、画面、运行记录等大量信息进行记忆、保存，可以配软盘和大容量的外存储器，它是AM和US的数据源，断点保护功能

网络接口模件（Network Interface Module，NIM）是TPN和UCN之间的接口，它提供了TPN与UCN的通信技术及协议间的相互转换，也可将NIM设备的报警信息传送到TPN上，每个NIM允许组态8000个数据点。

TPS系统的特点

① 真正实现了系统的开放。

② 人机接口功能更加完善。

③ 数据采集和控制的范围广泛。

④ 系统总体实现数字化。

⑤ 工厂综合管理控制一体化。

⑥ 系统安全可靠、维护方便。

⑦ 系统的兼容性好。

内容拓展

# 任务四　认识现场总线控制系统

## 1　现场总线概述

现场总线（Fieldbus Control System，简称FCS）就是连接智能现场设备和自动化系统的数字式、双向传输、多分支结构的通讯网络。现场总线控制系统的主要特点是在现场层即可构成基本控制系统。现场仪表不仅能传输检测量、控制量等重要信号，而且能将设备标识、运行状态、故障诊断等信息送到检控计算机，以实现管控一体化的综合自动化功能。现场总线控制系统由硬件和软件两部分组成，见图6.28和图6.29。

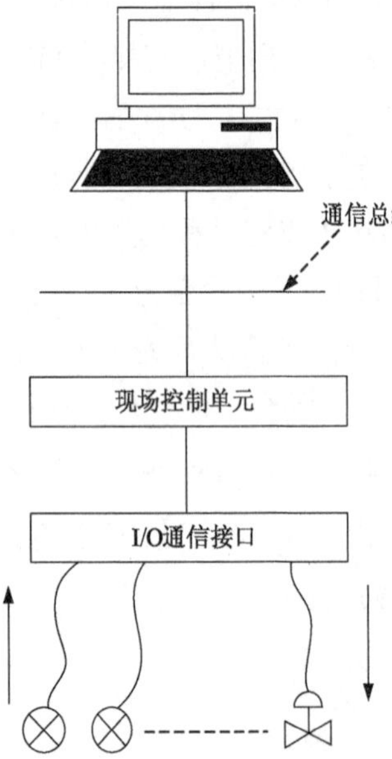


图6.28　传统计算机控制系统结构示意图

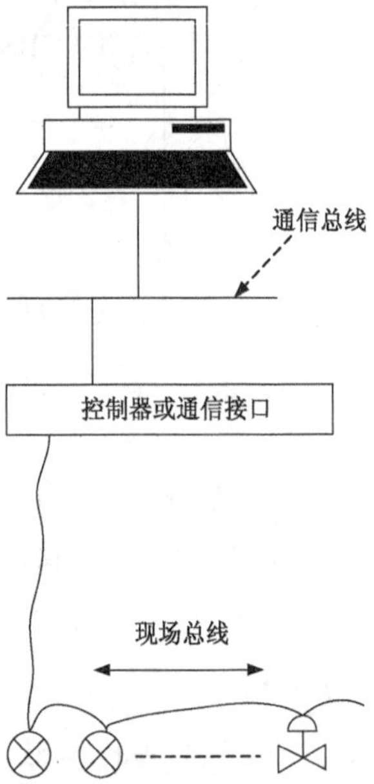


图6.29　现场总线控制系统结构示意图

## 2　现场总线的本质原理和技术特征

表现在以下六个方面：

▸▸ 现场网络通信。利用现场总线网络，实现了生产过程和加工制造区域现场仪表控制设备之间的数字化通信。

▸▸ 现场设备互连。仅用一对传输线，实现了传感器、变送器和执行机构等现场仪表和设备的互连。

- 互操作性。现场仪表和设备品种繁多，在遵守相同通信协议的前提下，现场总线允许不同的制造商的产品集成在一起，实现不同品牌的仪表和设备之间的互相连接，并统一组态。
- 功能分散。将 DCS 的三级结构改革为 FCS 的二级结构，废弃了 DCS 的输入/输出单元和控制站。将控制功能分散到现场仪表，从而构成虚拟控制站。因此现场仪表应是智能型多功能的。
- 通信线路供电。对于功耗要求低的现场本质安全仪表，直接从通信线路上获得电源。
- 开放式互连网络。现场总线作为开放式互连网络，既可以与同层网络互连，也可以通过网络互连设备与不同层次的控制级网络和信息级网络互连，共享资源，统一调度。

## 3　现场总线的技术特点

表现在以下五个方面：

- 系统的开放性。开放系统是指通信协议公开，各不同厂家的设备之间可以进行互连，实现信息交换。
- 互可操作性与互用性。所谓互可操作性，是指实现互连的设备之间、系统之间的信息传送与沟通。而互用性则意味着不同厂家的性能类似的设备可进行互换而实现互用。
- 现场设备的智能化与功能自治性。依靠现场设备即可完成基本控制功能，还可随时诊断设备的运行状态。
- 系统结构的高度分散性。现场总线控制系统具备了一种新的全分布式控制系统，从根本上改变了现有 DCS 集中与分散相结合的系统体系，简化系统结构，提高了系统的可靠性。
- 对现场环境的适应性。现场总线具有较强的抗干扰能力，能采用两线制实现供电与通信，并可满足本质安全防爆要求等。

## 4　现场总线的优越性

表现在以下 5 个方面：

- 节省硬件数量与投资；
- 节省安装费用；
- 节省维护开销；
- 用户具有高度的系统集成主动权；
- 提高了系统的正确性与可靠性；

## 5 典型的现场总线

在世界市场上，现场总线有基金会现场总线(FF)、过程现场总线(Profibus)、控制网络现场总线(ControlNet)、控制器局域网络现场总线(CAN)和HART现场总线等十几种现场总线。

## 6 现场总线的缺点和展望

网络通信中数据包的传输延迟，通信系统的瞬时错误和数据包丢失，发送与到达次序的不一致等都会破坏传统控制系统原本具有的确定性，使得控制系统的分析与综合变得更复杂，使控制系统的性能受到负面影响。

现场总线控制系统主要由测量系统、控制系统、管理系统和通信系统等部分组成，而通信部分的硬、软件是它最有特色的部分。现场总线具有信号传输全数字化、控制功能分散化、现场设备具有互操作性、通信网络全互连式、技术和标准全开放式等特点。现场总线技术的兴起，开辟了工厂底层网络的新天地。它将促进企业网络的快速发展，为企业带来新的效益，因而会得到广泛的应用，并推动自动化相关行业的发展。

**知识窗**

### 现场总线控制系统的应用

现场总线技术自推广以来，已经在世界范围内应用于工业控制的各个领域。现场总线的技术推广有了八九年的时间，已经或正在应用于冶金、汽车制造、烟草机械、环境保护、石油化工、电力能源、纺织机械等各个行业。

应用的总线协议主要包括PROFIBUS、DeviceNet、Foundation、Fieldbus等。在汽车行业，现场总线控制技术应用的非常普遍，近两年国内新的汽车生产线和旧的生产线的改造，大部分都采用了现场总线的控制技术。国外设计的现场总线控制系统已应用很广泛，从单机设备到整个生产线的输送系统，全部采用现场总线的控制方法。而国内的应用仍大多集中生产线的输送系统，随着技术的不断发展和观念的更新必然会逐步扩展其应用领域。

目前，已在汽车行业应用现场总线控制技术的项目包括：

① 上海通用汽车别克轿车生产线的总装车间、焊装车间、发动机车间、冲压车间全面采用PROFIBUS - DP协议，从单台的冲压机床、焊接机器人，到生产部件的输送。

② 一汽大众AUDIC5V6生产线的总装车间、焊装车间采用DevicenNet协

议。AB－PLC5 作为主控器，现场模块采用 TURCK 的现场总线产品。

③ 张家港牡丹汽车厂一车间采用 PROFIBUS－DP 协议控制车间的自行小车；另一车间采用 DeviceNet 协议。

④ 一汽轿车厂红旗轿车生产线油漆车间，输送系统的改造采用 PROFIBUS－DP 协议。

## 练一练

1. 什么是集散控制系统？其基本设计思想是什么？
2. 集散控制系统由哪几部分组成？各部分的作用是什么？
3. 操作站主要包括哪些设备？操作站的功能有哪些？
4. CENTUM－CS3000 系统主要有哪些部分组成？
5. CS3000 系统信息窗由哪些部分组成？
6. CS3000 操作员键盘由哪几部分组成？各部分的作用是什么？
7. TDC－3000 系统主要有哪些特点？
8. TDC－3000 系统用户操作站主要有哪些组态画面？
9. 现场总线有哪些技术特点？
10. 现场总线控制系统与以往的模拟式控制系统、数字式控制系统及集散控制系统相比有哪些优越性？
11. 从现场总线的发展中了解仪表控制系统经过了哪几个阶段，体会现场总线技术的实质精髓。

# 单元七　自动信号报警和联锁保护系统

**单元目标**

(1) 理解报警、联锁和安全保护的概念。
(2) 理解报警系统的分类。
(3) 了解联锁系统的组成和作用。
(4) 了解信号报警和联锁保护系统的应用。
(5) 了解 ESD 紧急停车系统。
(6) 了解 FGS 火气报警保护系统。

自动信号报警和联锁保护系统是现代化生产过程中非常重要的组成部分，是保证安全生产的重要措施之一，是工艺和设备出现异常或危险状态下的紧急处理和安全保护。

## 任务一　认识信号报警和联锁保护

### 1　信号报警

在化工生产过程中，存在着各种各样的工艺参数，如温度、压力、流量、液(料)位、密度、浓度等，一般均要求工艺参数在规定的范围之内，工艺设备处于正常的工作状态。如果工艺参数超出正常值，或者工艺设备处于异常运行状态，就应及时检测出来，并产生相应的信号，即报警信号，见图 7.1。

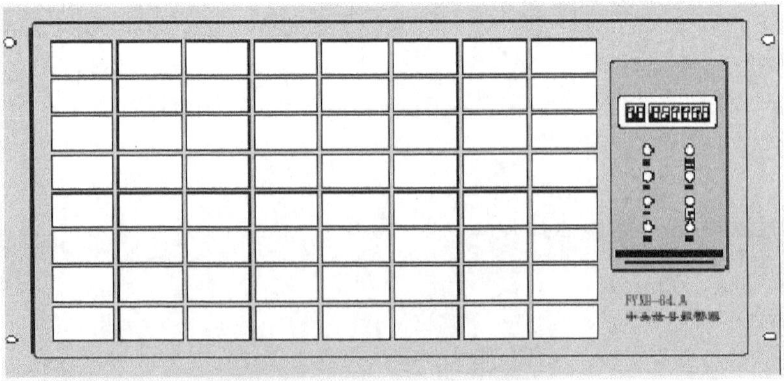

图 7.1　**64 路中央信号报警装置**

## 1.1 信号报警的形式

一般的信号报警常以声、光为主要形式，见表 7.1。

**表 7.1 信号报警常见的灯光、音响的类型及作用**

| 工作状态 | 灯光 | | 故障类型 | 音响 |
|---|---|---|---|---|
| 正常 | 灭 | | | 不响 |
| 试验 | 亮 | | | 响 |
| 不正常 | 亮 | 闪光 | 刚出现的故障或第一故障 | 响 |
| | | 平光 | 在“确认”以后继续存在的故障或第二故障 | 响 |
| | | 红灯 | 停止、危险 | 响 |
| | | 黄灯 | 注意、警告 | 响 |
| 确认 | 亮 | | 故障存在 | 不响 |

## 1.2 信号报警系统的类型

报警系统主要有以下三种类型：

### 不闪光报警系统

该系统比较简单，出现故障时，灯亮(平光)并发出音响；确认后，音响消除仍保持灯亮；故障排除，恢复正常时，音消灯灭。

### 闪光报警系统

该系统是目前最常用的报警系统，其动作一般以上表为基础。从功能上来说，还可分为一般事故闪光报警系统、能区别瞬时故障的闪光报警系统、能区别第一故障的闪光报警系统和延时闪光报警系统。

### 扫描报警系统

该系统能在很短时间内扫描故障及检查变量是否超限并在 CRT 上显示出来，该系统一般不用于重要的报警，见表 7.2。

**表 7.2 CRT 报警一览**

| 日期 | 时间 | 仪表号 | 检测点 | 报警状态 | 超限值 |
|---|---|---|---|---|---|
| ■ 09－10－21 | 08:00:45 | LI103 | D－102 LEVEL | PVLO | 5.00 |
| ■ 09－10－21 | 08:00:45 | LI102 | D－101 LEVEL | PVLO | 30.00 |
| ■ 09－10－21 | 08:00:45 | LI101 | T－101 LEVEL | PVLO | 15.00 |
| ■ 09－10－21 | 08:00:45 | PI101 | T－101 TOP PRESS. | PVLO | 1.10 |
| ■ 09－10－21 | 08:00:45 | TI103 | E－102 TO D－101 TEMP. | PVHI | 10.00 |
| ■ 09－10－21 | 08:00:45 | FI107 | T－102 TO D－101 FLOW | PVLO | 8.00 |
| ■ 09－10－21 | 08:00:45 | TIC103 | E－102 TO D－101 TEM. | PVHI | 10.00 |
| ■ 09－10－21 | 08:00:45 | LIC104 | T－102 LEVEL | PVLO | 15.00 |
| ■ 09－10－21 | 08:00:45 | LIC101 | T－101 LEVEL | PVLO | 15.00 |

## 2 联锁

联锁是二进制的逻辑控制，即通过逻辑运算产生二进制输出信号的控制。

在工艺生产过程中，当一个工艺参数超出正常范围，或一台工艺设备处于异常工作状态时，就应该对相关的工艺参数进行调整，或对相关的工艺设备进行适当的操作，以使生产过程恢复正常，或使生产过程处于安全的状态，这就是工艺生产过程的联锁。

联锁保护系统实质上是一种自动操作系统。

### 2.1 联锁系统的组成

联锁系统主要由以下三个部分组成：

- 输入部分

接受外部人为命令的按钮、开关和操作指令等。

- 输出部分

包括终端执行元件，有报警显示元件（灯、笛等）和操纵设备的执行元件（电磁阀、启动器等）。

- 逻辑控制部分

它把输入与输出联系起来，现在主要使用PLC、DCS、ESD，通过可编顺序（或程序）控制软件方式，按工艺要求的逻辑关系进行动作。

### 2.2 联锁系统的作用

当工艺参数越限、工艺设备故障、联锁部件失电或元件本身故障时，系统能自动或手动地将工艺操作转换到预先设定的位置，使工艺装置处于安全的生产状态中，具体包括以下5个方面的作用。

- 信号报警。
- 调度指挥生产。
- 利用信号联锁，实现生产的自动化或半自动化。
- 利用信号联锁，实现简单的顺序或程序控制。
- 对生产过程中的不正常运行状态进行监控。

# 任务二 信号报警和联锁保护系统的使用

## 1 信号报警的使用

### 1.1 报警一览

当参数报警时，报警信息自动登录到报警画面，以历史报警方式进行记录，记录最长一般为1000条报警信息。

### 1.2 报警信息

画面说明：

在报警一览画面中显示最近产生的999个报警信息；

每条报警信息的颜色也表明报警状态，具体见表7.3。

**表7.3 报警信息说明**

| 报警类型 | 描述 | 颜色 | 级别 |
|---|---|---|---|
| 正常 | NR | 绿色 | 0 |
| 高限 | HI | 黄色 | 1 |
| 低限 | LO | 黄色 | 1 |
| 高高限 | HH | 红色 | 2 |
| 低低限 | LL | 红色 | 2 |

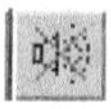 报警消音：点击该键可消除报警声音。

 报警确认：点击该键确认报警。

## 2 联锁保护系统使用

### 2.1 实例介绍一

如图7.2所示，为了确保压缩机始终正常安全运行，某往复式压缩机有一套独立的循环润滑油油压自动信号报警和联锁保护系统，报警和联锁压力见表7.4。

当压力低于报警压力时，现场和控制室发出自动信号报警，提醒操作工注意，采取必要的措施；当压力再低于联锁压力时，联锁启动，切断压缩机电源，压缩机停止运行。故障排除后，采用手动解除联锁，联锁解除后可以重新启动压缩机运行。

图7.2 往复式压缩机

**表7.4 往复式压缩机油压报警和联锁压力**

| 测量点 | 正常工作压力/MPa | 报警压力/MPa | 联锁压力/MPa |
|---|---|---|---|
| 循环润滑油油压 | 0.25 | 0.2 | 0.18 |

## 2.2 实例介绍二

图7.3是带控制点乙烯加氢反应模拟实训装置，加氢反应器带有超温报警联锁停车装置。

加氢反应器任意一测温点(对应A、B、C三点)的温度达到130℃，超温报警显示。

加氢反应器任意一测温点(对应A、B、C三点)的温度达到150℃，高温报警显示，随即联锁信号自动关闭FV1002，切断氢气进料；关闭TV1001阀，停蒸汽，取消比值控制；关闭P－101A/B泵，停止进$C_2$物料。

故障排除后，采用手动解除联锁。

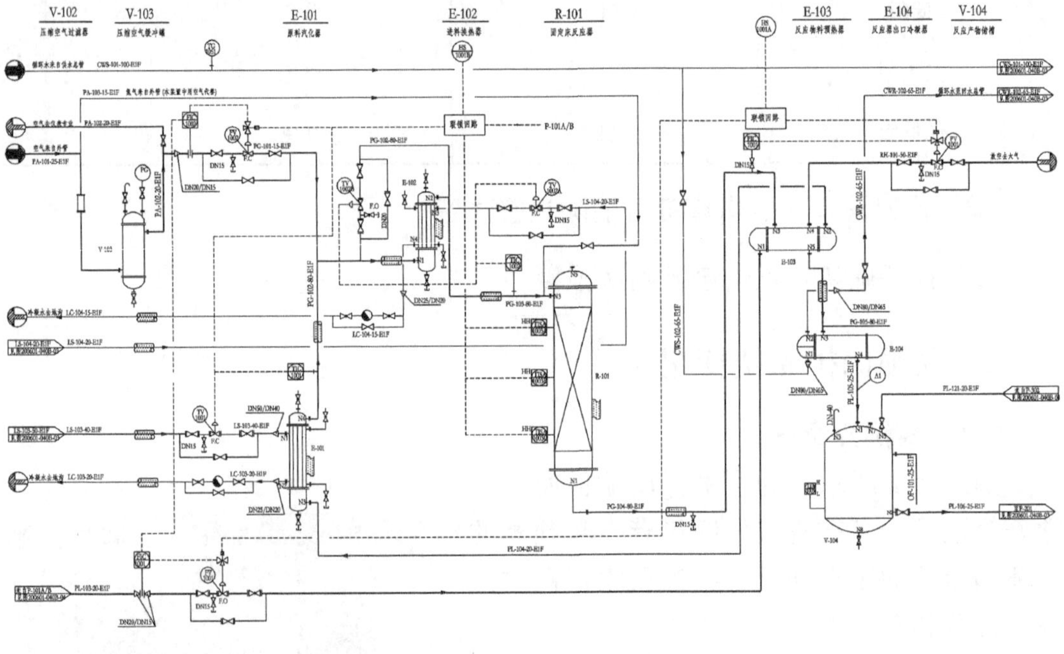


图7.3 带控制点乙烯加氢反应模拟实训装置

## 2.3 实例介绍三——某加氢反应器各压力

- 正常工作压力：7.2～7.4MPa。
- 高限报警压力(HI)：7.5MPa。
- 高高限报警压力(HH)：7.8MPa。
- 联锁保护压力：8.0MPa。
- 安全阀启跳和防爆膜爆破压力：8.5MPa。
- 反应器设计压力：10.0MPa。

## 内容拓展

# 任务三　认识 ESD 紧急停车系统

ESD 是 Emergency Shutdown Device——紧急停车装置的缩写。这种专用的安全保护系统是 20 世纪 90 年代发展起来的，以它的高可靠性和灵活性而受到一致好评，其外观见图 7.4。

ESD 紧急停车系统按照安全独立原则要求，独立于 DCS 集散控制系统，其安全级别高于 DCS。在正常情况下，ESD 系统是处于静态的，不需要人为干预。作为安全保护系统，凌驾于生产过程控制之上，实时在线监测装置的安全性。只有当生产装置出现紧急情况时，不需要经过 DCS 系统，而直接由 ESD 发出联锁保护信号，对现场设备进行安全保护，避免危险扩散造成巨大损失。

图 7.4　TRICON ESD 主机外观

当然一般安全联锁保护功能也可由 DCS 来实现。那么为何要独立设置 ESD 系统呢？因为对于较大规模的紧急停车系统应按照安全独立原则与 DCS 分开设置，这样做主要有以下几方面原因：

降低控制功能和安全功能同时失效的概率，当维护 DCS 部分故障时也不会危及安全保护系统；

对于大型装置或旋转机械设备而言，紧急停车系统响应速度越快越好。这有利于保护设备，避免事故扩大；并有利于分辨事故原因记录。而 DCS 处理大量过程监测信息，因此其响应速度相对较慢；

DCS 系统是过程控制系统，是动态的，需要人工频繁的干预，这有可能引起人为误动作；而 ESD 是静态的，不需要人为干预，可以避免人为误动作。

ESD 紧急停车装置，在石化行业以及大型钢厂及电厂中都有着广泛的应用。

# 任务四　认识 FGS 火气报警保护系统

FGS 是 Fire & Gas Detection Alarm System——火气监测报警系统的缩写。其实就是通过专用的传感器和监测仪器(图 7.5)，提前预测出即将要发生的火灾、爆炸、中毒事故，由音响、灯光等设备发出警告提醒有关操作人员进行相关的操作，组织疏散和逃生；或者通过预先编制的联锁逻辑程序自动地启动相应的保护、救护装置；通过远程报警能得到及时增援，从而使得可能发生的事故能在萌芽状态被发现并消除，已经发生的事故能得到及时有效的控制，使得相关人员、设备和周围环境得到有效的保护。

图 7.5　智能一体化火焰检测器

FGS 火气报警保护系统与 ESD 紧急停车保护系统的相同点如下：

- 目的相同，都是为了安全，减少事故发生的概率。
- 结构相同，都是有由输入设备、控制器、输出设备三部分组成。
- 可以使用同样的控制设备和软件平台。
- 输入输出信号制式兼容。

不同点如下：

- 控制对象不同。ESD 直接控制生产过程，去停止生产过程；FGS 主要是做预先报警，启动自动灭火系统、隔离通风系统等。
- 检测和执行信号的正常状态不同。ESD 系统出于安全考验，设计为正常状态励磁；FGS 系统刚好相反，正常状态不励磁。
- ESD 系统需要 40min 左右的后备电源；FGS 系统需要 24h 的后备电源。

## 练一练

1. 信号报警常见的灯光、音响的类型和动作有哪些?
2. 联锁系统有哪些组成部分?
3. 联锁系统的作用有哪些?
4. 为什么较大规模的ESD紧急停车系统与DCS集散控制系统要分开设置?
5. 什么是FGS火气报警保护系统?
6. 火气报警保护系统由哪几部分组成?
7. 简述火气报警保护系统与紧急停车保护系统的不同点。

# 单元八 流体输送设备的控制方案

**单元目标**

(1) 理解离心泵不同的控制方案和特点。
(2) 了解变频器的作用和原理。
(3) 理解往复泵不同的控制方案。

在流体输送中，泵用来输送液体，风机和压缩机用来输送气体。为了满足工艺要求，一般需要对流体的流量进行控制。

## 任务一 认识离心泵的控制方案

离心泵是最常见的液体输送设备。离心泵流量控制的目的是要将泵的排出流量恒定于某一设定的数值上。离心泵流量控制方案有以下三种。

### 1 改变泵的出口阀门开度

通过改变泵的出口阀门开度来控制泵出口流量的方案，如图 8.1 和图 8.2 所示。曲线 A 是在一定的转速下，离心泵的流量特性曲线。出口阀门开度的不同，有不同的管路特性曲线(1、2、3)。曲线 A 与曲线 1 的交点 $C_1$ 即为进行操作的工作点。通过改变泵的出口阀门开度，即改变进行操作的工作点，从而改变排出流量。

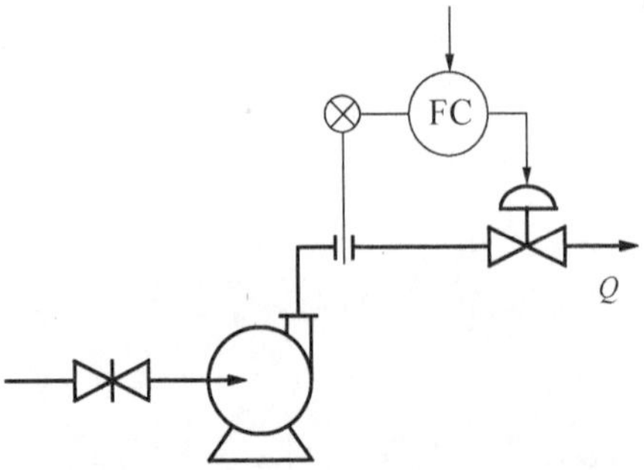


图 8.1 改变泵的出口阀门开度控制流量

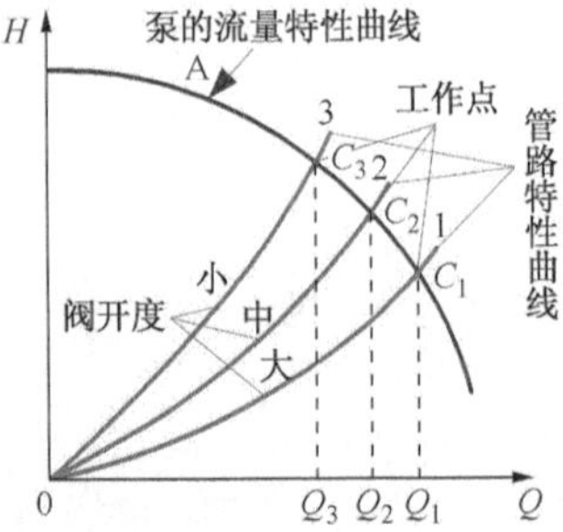


图 8.2 离心泵的特性曲线

特点

- 广泛应用。
- 总的机械效率不高，特别是阀开度较小时，损耗的功率较多。

## 2　改变泵的出口旁路阀门开度

如图 8.3 所示，将泵的部分排出量重新送回到吸入管路，用改变旁路阀开度的方法来控制泵的实际排出量。

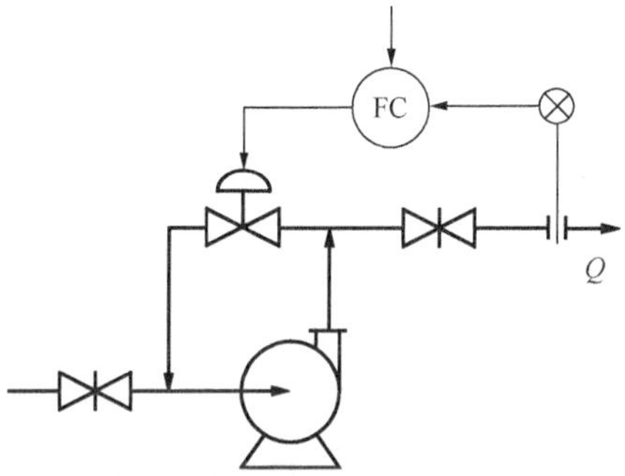


图 8.3　改变泵的出口旁路阀门开度控制流量

特点

- 较少应用，主要用于小泵的流量控制。
- 总的机械效率较低，经济性较差。

## 3　改变泵的转速

在一定的管路特性曲线 B 的情况下，当泵的转速改变时，泵的流量特性曲线也会改变，如图 8.4 和图 8.5 所示(曲线 1、2、3)，即改变进行操作的工作点，从而改变排出流量。

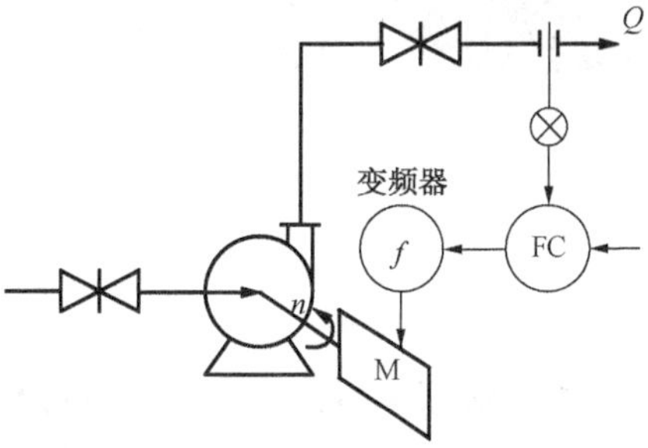


图 8.4　改变泵的转速控制流量

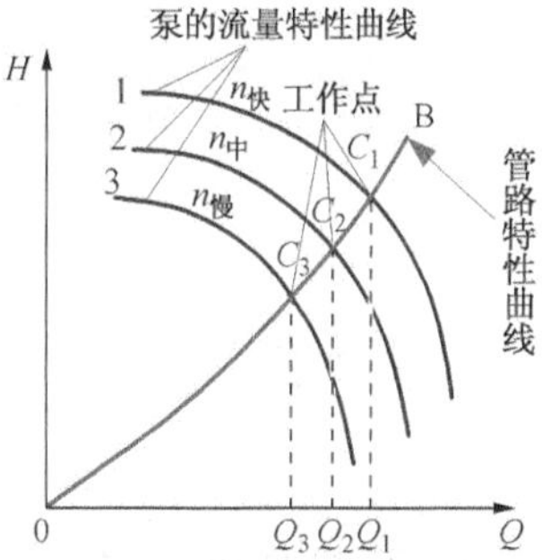


图 8.5　离心泵的特性曲线

目前，改变泵的转速，大多采用变频器来控制电动机的转速。调节器的输出值越大，变频器的输出频率就越高，三相异步电动机的转速也就越快；反之，转速就越慢，即

$$n = Kf$$

式中　$n$——三相异步电动机的转速；

$f$——变频器的输出频率；

$K$——系数。

特点

- 使用方便，应用越来越多。
- 总的机械效率高，经济性好。

内容拓展

## 变频器介绍

### 1　概述

变频器是从20世纪80年代才发展起来的，其作用是将工频电源(50Hz或60Hz)变换成各种频率的交流电源，以实现电机变速运行的目的。变频器在我国开始兴起大约是20世纪90年代中后期，而被广泛大规模应用则要在2000年以后了。

为了满足用户的需求，变频器也正逐渐走向多元化，研制开发了各种通用型、专用型产品。变频器的功能已越来越丰富，并已成为运动控制系统中不可缺少的重要组成部分，其应用越来越广泛，见图8.6。

图8.6　各种变频器

### 2　变频器基本结构及原理

变频器按照能量变换的环节可分为交-交变频器和交-直-交变频器。

交-交变频器基本原理

如图8.7所示，交-交变频器是把频率固定的交流电直接变换成频率连续可调的交流电。其特点是没有中间环节，变换效率高，但其连续可调的频率范围小，一般为额定频率的1/2以下，主要用于容量较大的低速拖动设备。

交－直－交变频器基本原理

如图8.8所示，交－直－交变频器是把频率固定的交流电经过全波整流变换成直流电，再把直流电逆变成频率和电压连续可调的交流电。其常用于中小功率、转速较高、负载较平稳的场合。

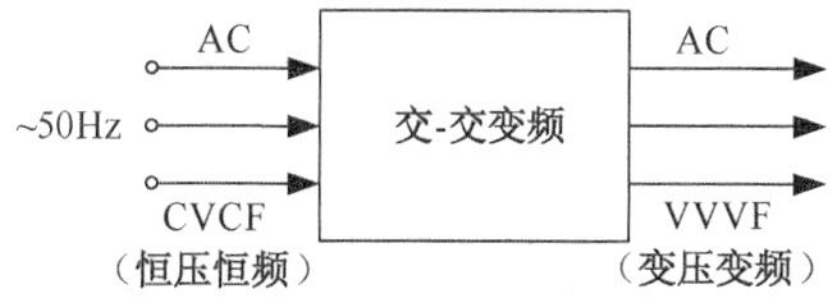


图8.7 交－交变频器原理图

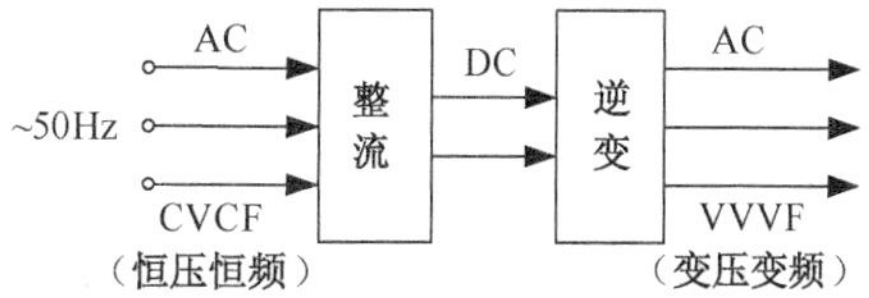


图8.8 交－直－交变频器原理图

## 3 特点

- 高性能化、多功能化、高质量化。
- 体积越来越小，性能价格比越来越高。
- 应用越来越广泛。
- 变频技术与其他自动化技术相结合越来越普遍。

想一想？

在上述改变泵的转速控制流量的方案中，哪些设备起了手的作用？

# 任务二 认识往复泵的控制方案

往复泵也是常见的液体输送设备，多用于流量较小、压头较高的场合。它的流量为：

$$Q = ASN$$

式中 $A$——活塞截面积；

$S$——活塞的冲程；

$N$——单位时间活塞往复的次数。

常用的流量控制方案有以下三种。

## 1 改变活塞冲程 $S$

往复泵常用改变冲程的大小来控制出口流量。改变冲程的常用方法如图8.9所示，通过改变连杆与旋转盘活动接点的半径 $r$，从而改变了活塞冲程 $S$。

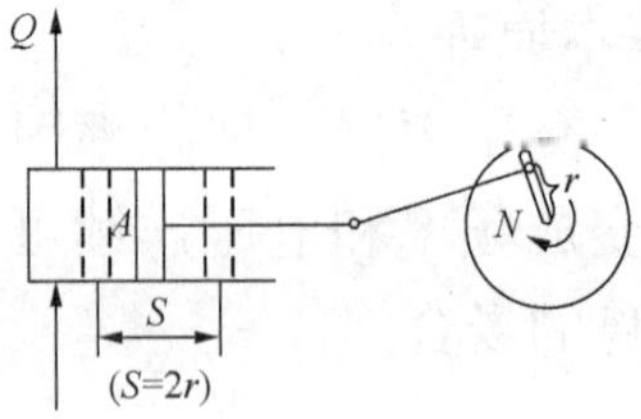


图 8.9　往复泵工作原理图

## 2　改变回流量

用改变泵出口旁路调节阀的开度来改变回流量的大小，可以达到控制泵的实际排出量的目的，如图 8.10 所示。

## 3　改变电动机的转速

与离心泵调转速控制相同，也采用变频器来控制电动机的转速 $n$，从而改变单位时间活塞往复次数 $N$，进行流量控制，如图 8.11 所示。

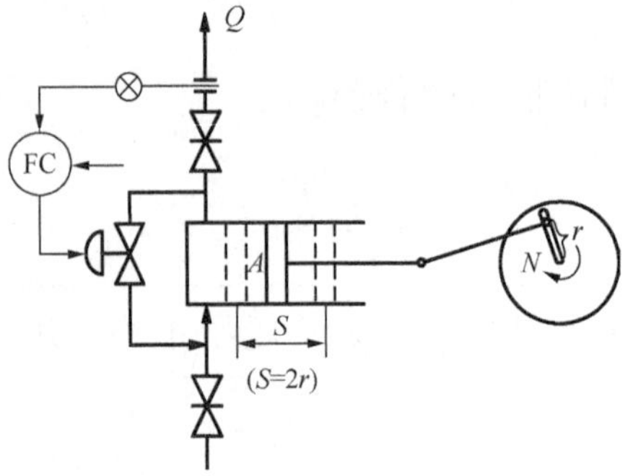


图 8.10　改变往复泵旁路流量的方案

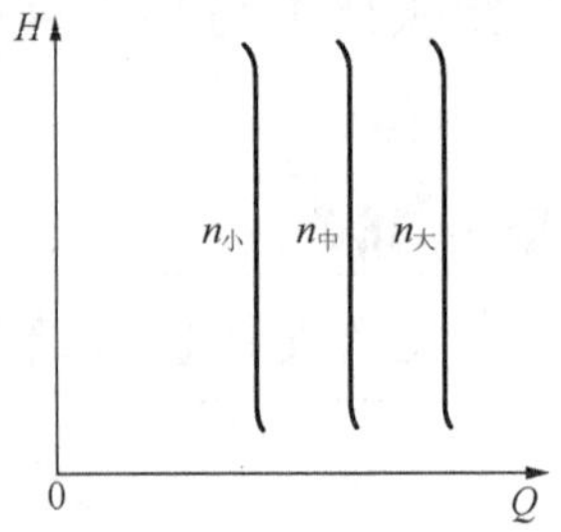


图 8.11　往复泵的特性曲线

关系式：$N = \dfrac{n}{K}$

式中　$K$——减速比。

**想一想？**

往复泵可以通过改变泵的出口阀门开度来控制泵出口流量吗？

## 任务三　认识压缩机的控制方案

压缩机是气体输送设备，使用较多的为离心式和往复式两类。往复式压缩机多用于流量小、压缩比较高的场合；离心式压缩机分单级和多级，单级离心式压缩机简称风机，离心式压缩机具有体积小、流量大、效率高等优点，但存在防喘振的问题。下面介绍离心式压缩机的流量自动控制。

## 1　离心式压缩机排气量的控制方案

### 1.1　节流控制

与离心泵控制相同，在压缩机的出口管路上安装调节阀，以控制排气量。

### 1.2　旁路控制

与离心泵控制相同，如图 8.12 所示，即改变旁路调节阀的开度来改变回流量，以达到控制排气量的目的。但需注意，对压缩比很高的多级压缩机，不宜从末端直接旁路至入口处。

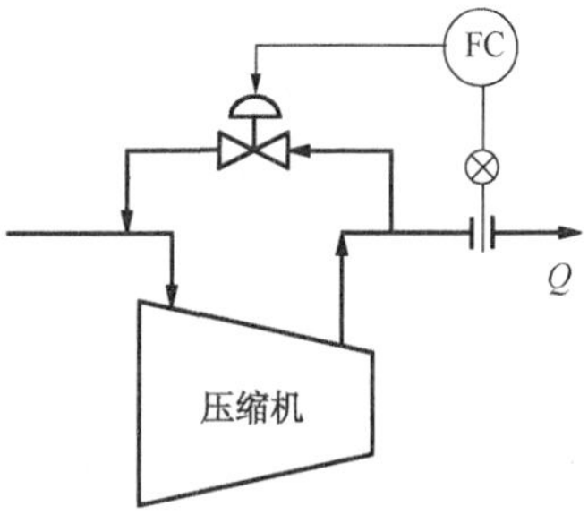


8.12　压缩机的旁路控制方案

此时宜采用分段旁路。

### 1.3　控制转速

一般使用变频器来改变电动机的转速以控制排气量。这种方案效率高，应用越来越多。

## 2　离心式压缩机的防喘振控制方案

因负荷减小，压缩机入口流量小于某一数值时，气体由压缩机忽进忽出，机身发生强烈振动，并发出周期性的喘叫声，这种现象称为“喘振”。严重时会使压缩机及所连接设备遭到破坏。

防喘振的控制方案如图 8.13 所示，正常操作时，流量调节器 $F_1C$ 维持压缩

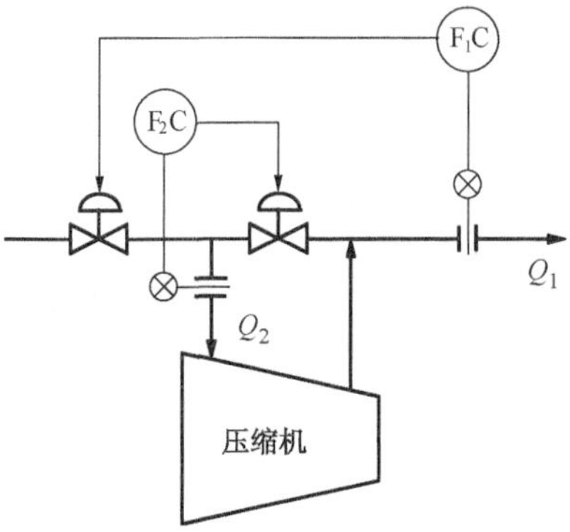


图 8.13　防喘振的控制方案

机的控制所需排气量 $Q_1$；而另一流量调节器 $F_2C$ 输入端的测量值大于设定值(即入口流量的安全下限)，旁路调节阀处于关闭状态。若入口流量小于设定值，$F_2C$ 调节器使旁路调节阀打开，使压缩机的一部分排气量回流至入口端，以保持入口气量 $Q_2$ 高于安全下限，防止了喘振现象的发生。

## 练一练

1. 离心泵的流量控制方案有哪几种？各有什么特点？
2. 往复泵的流量控制方案有哪几种？
3. 变频器按照能量变换的环节分为哪几种？各有什么特点？
4. 变频器的输出频率是否连续可调？在调节过程中其输出电压变化吗？
5. 比较图 8.14 所示离心式压缩机两种控制方案的异同点？

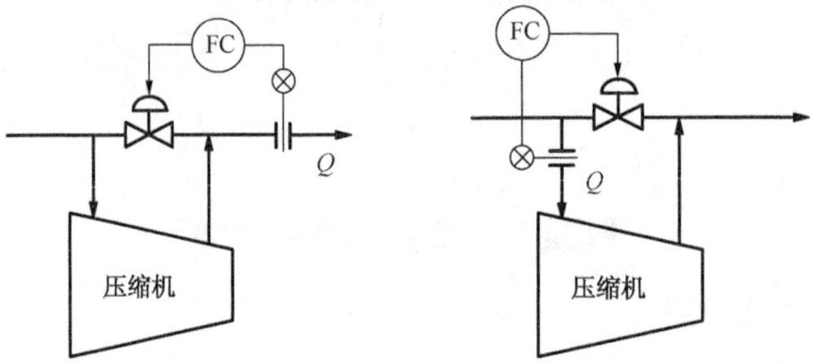


图 8.14 离心式压缩机的控制方案

# 参考答案

## 绪　论

1. 答：用自动化技术工具代替人来自动操作和管理生产过程的方法，称为生产过程自动化，石油化工自动化是石油化工类生产过程的自动化。

2. 答：实现石油化工生产过程自动化，是为了保证生产安全、稳定、长周期、满负荷、优质运行。

3. 答：分为：a. 检测仪表和变送器、b. 显示仪表、c. 转换和传输仪表、d. 调节控制仪表、e. 控制阀、f. 配套设备和装置。

4. 答：包括：a. 自动检测系统、b. 自动信号报警和联锁保护系统、c. 自动操纵及自动开停车系统、d. 自动控制系统。

## 单元一　检测仪表

1. 答：有压力、流量、物位和温度。检测就是获得信息的过程，检测过程参数的作用是获取压力、流量、物位和温度等信息。

2. 答：因为我们周围充满了空气，存在着 0.1MPa 的大气压，我们测压力是以大气压作为参考线，高于大气压为表压(正压)，低于大气压为真空度(负压)。

3. 答：工作原理是压力信号转换成弹簧管的角位移，$p \to \Delta\alpha$。

4. 答：工作原理是把压力信号转换成电容值的变化，$p \to \Delta C$。

5. 答：工作原理是把压力信号转换成电阻值的变化，$p \to \Delta R$。

特点见本书，略。

6. 答：标准节流元件有孔板、喷嘴和文丘里管。

7. 答：会产生测量误差。

8. 答：是把介质流量转换成感应电动势，$Q \to E$。只要是导电的液体介质其流量都能测量。

9. 答：是把介质流量转换成漩涡频率，$Q \to f$。

10. 答：是将介质流量转换成涡轮转速，$Q \to n$。只能用于非常干净，且稀薄的气、液介质的流量测量。

11. 答：工作原理是把流量转换成椭圆齿轮的转速，$Q \to n(Q = 4nV_0)$。

特点见本书，略。

12. 答：工作原理是将介质质量流量转换成科氏力，$M \to Fc$。

特点见本书，略。

13. 答：浮筒浸没在液体中，所受液体浮力的大小与液位成正比，通过测量浮筒浮力的大小即能得到液体液位。

工作原理是阿基米德浮力原理(变浮力)，是把液位转换成浮筒的浮力($F = HA\rho g$)。

14. 答：工作原理是静压原理，$P(\Delta P) = H\rho g$。

15. 答：当 $H = 0$ 时，$\Delta P = 0$，无需零点迁移；如 $\Delta P > 0$，需正迁移；如 $\Delta P < 0$，需负迁移。

16. 答：工作原理是声波反射原理，将物位转换成声波的来回时间，$H \to t$。

特点见本书，略。

17. 答：工作原理是利用探测到的 $\gamma$ 射线强度随容器内物位的变化而变化。

特点见本书，略。

18. 答：工作原理是根据检测介质温度的变化，双金属片发生弯曲变形指示温度的高低。

19. 答：热电偶是由两种自由电子密度差异大的导体(热电极)A、B 两种材料焊接而成。

工作原理是热电效应，就是温度转换成热电势，$t \to E_t$。

20. 答：实际热电偶温度计是带有冷端温度自动补偿电桥的仪表，由热电偶，补偿导线，冷端补偿电桥，显示仪表等部分组成。

各部分的作用见本书，略。

21. 答：有些贱金属(称为补偿导线)，在 0 ~ 100℃温度范围内，其产生的热电势与热电偶产生的热电势非常接近，用来代替部分热电偶。

作用是用贱金属导线代替贵金属热电偶材料，使冷端远离高温端。

22. 答：因为当冷端温度大于0℃时，实测的热电势 $E_{AB}(t, t_0)$ 小于希望得到的热电势 $E_{AB}(t, 0)$，所以要进行冷端温度补偿 $E_{AB}(t_0, 0)$。

23. 答：无关系。

24. 答：测温原理是基于导体的电阻值随温度的变化而变化的特性。$t \to R_t$

常用的热电阻有：Pt10、Pt100、Cu50、Cu100。

25. 答：特点见本书，略。

26. 答：见本书，略。

## 单元二　控制器

1. 答：调节器的控制规律就是指调节器接受输入的偏差信号后，调节器的输出随输入的变化规律，即 $P = f(e)$。

调节器的基本控制规律有：双位控制、比例控制(P)、积分控制(I)和微分控制(D)四种。

2. 答：双位控制优点是简单易行；缺点是被控变量不断振荡。一般适用于对控制质量要求不高的场合。

3. 答：调节器的输出变化量与输入偏差信号成比例的控制规律，称为比例控制规律，用P表示，即：

$$\Delta P_{\mathrm{P}} = \frac{1}{\delta}e$$

由于 $\Delta P_{\mathrm{P}} = \frac{1}{\delta}e$，只有当偏差 $e$ 存在时，$\Delta P_{\mathrm{P}}$ 才能存在，调节阀阀开度才会变化，控制系统才能起调节控制作用，比例控制结束存在余差是它的固有特点。

4. 答：比例度 $\delta$ 越大，比例控制作用越弱；比例度 $\delta$ 越小，比例控制作用越强。

5. 答：调节器的输出变化量与输入偏差信号成积分的控制规律，称为积分控制规律，它其实是偏差信号随时间的累积，用I表示。即 $\Delta P_{\mathrm{I}} = \frac{1}{T_i}\int e\mathrm{d}t$ 。

因为调节器的输入偏差存在时，其输出变化就不停止，直到输入偏差为零，其输出变化才停止，调节器的输出稳定在某个数值上。积分控制作用在最后达到稳定时，偏差总是等于零的，实现无差控制，这是积分控制的重要特性。

6. 答：积分时间 $T_i$ 越大，积分控制作用越弱；积分时间 $T_i$ 越小，积分控制作用越强。

7. 答：积分控制控制过程缓慢、有滞后、波动较大、不易稳定，因此积分控制规律一般不单独使用。

8. 答：调节器的输出变化量与输入偏差信号的变化速度成正比的控制规律，称为微分控制规律，用D表示，即 $\Delta P_{\mathrm{D}} = T_{\mathrm{d}}\frac{\mathrm{d}e}{\mathrm{d}t}$ 。

特点：微分控制有超前作用，存在余差，易波动，不能单独使用。

9. 答：调节器中加入微分作用能使被控变量 $Y$ 过渡过程的走势曲线波动幅度小，控制时间短；但纯微分控制易波动，不能单独使用。

10. 答：微分时间 $T_{\mathrm{d}}$ 越大，微分控制作用越强；微分时间 $T_{\mathrm{d}}$ 越小，微分控制作用越弱。

11. 答：比例积分微分调节器的控制规律是比例控制加上积分和微分控制，是以比例控制为主，积分和微分控制为辅的控制规律，即

$$\Delta P_{\mathrm{PID}} = \Delta P_{\mathrm{P}} + \Delta P_{\mathrm{I}} + \Delta P_{\mathrm{D}} = \frac{1}{\delta}\left(e + \frac{1}{T_i}\int e\mathrm{d}t + T_{\mathrm{d}}\frac{\mathrm{d}e}{\mathrm{d}t}\right)。$$

特点：比例积分微分调节器的控制规律能使被控变量 $Y$ 过渡过程的走势曲

线及时和稳定，波动幅度小，控制时间短，又没有余差。

12. 答：DDZ－Ⅲ型调节器的工作状态有："自动"、"软手动"、"硬手动"及"保持"四种。

13. 答：KMM 型可编程序调节器是一种常用的单回路数字控制器，它以微处理机为核心，接收和输出都可以是 4～20mA DC 标准的模拟量信号；内部处理信号为数字量，可由用户编制程序，可组成多种控制规律的一种数字式过程控制仪表。

特点见本书，略。

14. 答：见本书，略。

15. 答：特点见本书，略。

16. 答：可编程控制器(简称 PLC)是一种专为在工业环境下应用而设计的数字运算操作的电子装置，它采用了可以编程的存储器，在其内部存储执行逻辑运算、顺序控制、定时、计数和算术运算等操作的指令，并通过数字式或模拟式的输入和输出来控制各类机械或生产过程。

特点和分类见本书，略。

17. 答：见本书，略。

18. 答：见本书，略。

## 单元三　控制阀

1. 答：图 3.1 从左到右阀的名称分别是：气动薄膜调节阀、带电气阀门定位器的气动薄膜调节阀、电动调节阀、气动活塞调节阀、电动调节阀；下部调节部分 1～3#阀是截止阀型(易调节流量)、4#阀是球阀型(不易堵料，可用于所有介质)、5#阀是蝶阀型(不易堵料，可用于所有介质)。

2. 答：主要部件有执行机构和调节机构，执行机构接受输入的气信号(20～100kPa)并转换成弹簧的压缩量或拉伸量 $\Delta X$，也即阀杆的位移量 $\Delta X$；阀杆带动调节机构的阀芯产生位移量 $\Delta X$，从而改变了调节阀阀开度，改变了工艺介质的流量。

3. 答：气开式调节阀(FC 故障关)：没有输入控制信号或控制信号最小时阀全关，随着控制信号增加时阀开大，气开式调节阀也称正作用调节阀。

气关式调节阀(FO 故障开)：没有输入控制信号或控制信号最小时阀全开，随着控制信号增加时阀关小，气关式调节阀也称反作用调节阀。

4. 答：(a)图上载热体调节阀选用气开式，因为当装置出现停电时，即没有输入控制信号阀应全关，停止进载热体(工艺要求)；(b)图上冷却水调节阀选用气关式，因为当装置出现停电时，即没有输入控制信号阀应全开，继续进冷却水(工艺要求)。

5. 答：因为调节阀的作用是调节流量，而截止阀最便于调节流量。

6. 答：流路简单，不易堵料。

7. 答：整个调节阀的选用应从调节阀的尺寸、压力等级、执行机构和调节机构的结构形式、正反作用、流量特性和主要附件等多方面来考虑。

8. 答：调节阀接受来自调节器的控制电信号4 ~ 20mA，经过电气阀门定位器转换为气信号20 ~ 100kPa给带有薄膜的执行机构，执行机构推动阀杆的位移，阀杆的位移带动调节机构的阀芯产生位移，从而改变了调节阀阀开度，改变了工艺介质的流量。

9. 答：调节阀的操作见本书，略。

10. 答：三通阀用于总管压力需要稳定的场合，三通阀在调节过程中，载热体进口流量能稳定不变，总管压力不受影响没有波动，对其他支路没有影响。

## 单元四　简单控制系统

1. 答：位号TE - 202——第二工段第二个温度检测、位号LRCA - 301——第三工段第一个带记录和报警的液位调节器、位号AIC - 210——第二工段第十个带指示的分析控制器、位号PV - 102——第一工段第二个压力调节阀。

2. 答：自动控制系统主要由测量元件和变送器、调节器、执行器(调节阀)和对象所组成。

3. 答：在自动控制系统中，测量元件和变送器起了眼睛的作用、调节器起了大脑的作用、调节阀起了手的作用。

4. 答：工艺上需要控制的工艺参数称为被控变量；被控变量的预定值称为设定值；测量值是变送器的输出信号，是被控变量由测量元件和变送器测到的值。

5. 答：干扰作用$f$是引起被控变量$Y$变化的外界因素；控制作用$q$是引起被控变量变化的内在因素，其作用总是使被控变量向设定值方向变化；两者的关系是干扰作用$f$引起被控变量$Y$偏离设定值，控制作用$q$使被控变量$Y$回到设定值，自动控制系统只要有干扰，控制就会起作用。

6. 答：开环控制系统是指信号按一个方向流动，而没有形成回路；闭环控制系统形成回路，又称反馈控制系统，它是按设定值与测量值之间的偏差进行控制的。

7. 答：定值控制系统的设定值恒定不变的控制系统，是应用最广泛的控制系统；随动控制系统的设定值事先未知，是其他变量的函数。

8. 答：品质指标有衰减比$n$($n$取4:1 ~ 10:1)、最大偏差$A$、余差$C$、过渡时间$t_s$、振荡周期$T$。

9. 答：对于一些工艺要求不太高的控制系统，可选用比例调节器(P)；对于一些工艺要求不允许有余差的情况，可选用比例积分调节器(PI)；对于一些控制反应慢，不允许有余差的情况，而且控制质量又要求较高时，可选用比例积分微分调节器(PID)。

10. 答：调节器参数整定的任务就是按照已定的控制系统，求取使控制质量最好的调节器PID($\delta$、$T_i$、$T_d$)参数值。

11. 答：引起过渡过程曲线振荡，其振荡周期大的是由于积分时间过小；引起过渡过程曲线振荡，其振荡周期小的是由于微分时间过大；引起过渡过程曲线振荡，其振荡周期适中的是由于比例度过小。

12. 答：简单控制系统的投运步骤有熟悉情况、全面检查、确定调节器作用方向、人工操作、手动遥控和自动控制。详细步骤内容见本书，略。

13. 答：参考本书，略。

## 单元五　复杂控制系统

1. 答：串级控制系统是指由主、副两个调节器串接起来稳定一个主变量的控制系统。

串级控制系统特点：由于副回路的快速作用，使系统具有较强的克服主要干扰能力，提高了控制质量。

串级控制系统主要用于对象容量滞后大，反应慢，干扰作用强而频繁，且控制指标要求严，简单控制系统难以满足控制要求的场合。

2. 答：参数整定较多采用一步整定法。

一步整定法就是根据经验，先将副调节器参数一次调好，不再变动，然后按一般单回路控制系统的整定方法直接整定主调节器参数。

3. 答：串级控制系统的投运较多采用先投副回路，后投主回路的方法；为了简化步骤，在有的场合，也可以主、副回路一次投运，应根据具体情况灵活掌握。

4. 答：生产上用来实现两种或两种以上物料之间保持一定比值关系的自动控制系统，称为比值控制系统。

常用的比值控制系统有：a. 开环比值控制系统，这种方案的优点是简单，但只能用于从动量管道压力很稳定的场合；b. 单闭环比值控制系统，这类比值控制系统的优点是两种物料流量之比较为精确，但其主动量是可以变化的，总流量也是不固定的；c. 双闭环比值控制系统，这类比值控制系统的优点是两种物料流量之比较为精确，主动量和总流量都可以稳定。

5. 答：由一个调节器的输出信号，通过和阀门定位器的配合，分段地去控制两个或两个以上调节阀动作的系统称为分程控制系统，其是通过调节A、B两调节阀的电气阀门定位器零位和量程来实现的。

6. 答：见本书，略

7. 答：均匀控制的目的是使液位和流量这两个变量尽可能平稳而兼顾。

特点是用一个调节器使两个被控变量都得到控制，通过合理整定调节器参数实现均匀控制，两个变量波动平稳、缓慢而兼顾。

异同点见本书表5.1，略。

8. 答：前馈控制是根据干扰作用的大小进行控制的，它是开环控制；反馈控制是根据被控变量的偏差进行控制的，它是闭环控制。

9. 答：因为前馈控制是开环控制，被控变量是否控制在设定值的数值上是得不到检验的，所以，前馈控制一般要与反馈控制结合使用。

10. 答：选择性控制系统的任务是当变量将要达到危险值时，就适当降低生产要求，让它暂时维持生产，并逐渐调整生产，使之朝正常工况发展，实现软限控制系统。举例说明见本书，略。

11. 答：(1)主变量：反应器内介质的温度。副变量：冷却水的进口流量。主调节器：TC。副调节器：FC。

(2) 根据：副调节器(?)×调节阀(－)=(－)

主调节器(?)×主对象(－)=(－)

主、副调节器都选用正作用调节器。

(3) 主回路是定值控制系统，可克服所有干扰(包括氯乙烯进口流量和温度的波动、冷却水压力和温度的波动)对主变量的影响；副回路是随动控制系统，是以主调节器的输出作为它的设定值，可克服冷却水压力波动的干扰对主、副变量的影响，副回路反应快，能快速抑制冷却水压力波动对主、副变量的影响。

(4) 方框图。

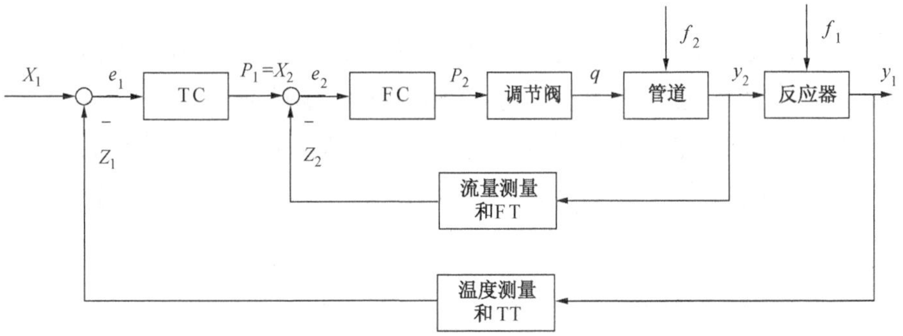


氯乙烯聚合反应器串级控制系统的方框图

## 单元六　集散控制系统(DCS)

1. 答：集散控制系统(DCS)是控制技术、计算机技术、通信技术、图形显示技术和网络技术相结合的产物，是一种操作和管理集中，控制功能分散，采用分级分层体系结构，局部网络通信的计算机综合控制系统，其目的在于控制和管理一个工业生产过程或工厂。

危险分散，管理集中是 DCS 的基本设计思想。

2. 答：集散控制系统的基本组成通常包括数据采集站、现场控制站、现场总线、操作站、工程师站、监控计算机、管理计算机和通信网络等部分。

各部分的作用见本书，略。

3. 答：操作站主要包括主机、显示器及专用操作员键盘、鼠标、通信卡等。

操作站是操作人员对生产过程进行监视、操作控制和管理的主要设备，用以实现集中监视、操作和信息管理的功能。

4. 答：CS3000 系统是由操作站、现场控制站、工程师站、通信总线、通信网关等部分组成的。

5. 答：CS3000 系统信息窗由过程报警、系统报警、操作指导信息、信息监视、用户登录、窗口调用菜单、操作菜单、预设定窗口、工具栏等组成。

6. 答：CS3000 操作员键盘由功能键区、窗口调用键区、数据输入区、操作控制区等部分组成。

各部分的作用见本书，略。

7. 答：特点见本书，略。

8. 答：用户操作站有多种组态画面，包括细目显示画面、流程图画面、含趋势子图的流程图画面、区域趋势画面、组趋势画面、小时平均值画面、区域报警摘要画面等。

9. 答：技术特点见本书，略。

10. 答：优越性见本书，略。

11. 答：仪表控制系统经过了基地式仪表控制系统、单元组合式仪表控制系统、数字式控制系统、集散控制系统和现场总线控制系统等阶段。

现场总线技术的实质精髓是实现了现场层即可构成基本控制系统、全智能和开放式的全网络数字式双向传输、现场设备互连大大减少设备连接线、设备的互操作性等。

## 单元七　自动信号报警和联锁保护系统

1. 答：见本书表 7.1，略。

2. 答：联锁系统主要有输入部分、输出部分和逻辑控制部分三个部分组成。

3. 答：联锁系统的作用见本书，略。

4. 答：几方面原因见本书，略。

5. 答：FGS 火气报警保护系统就是通过专用的传感器和监测仪器，提前预测出即将要发生的火灾、爆炸、中毒事故，由音响、灯光等设备发出警告，提醒有关操作人员进行相关的操作，组织疏散和逃生；或者通过预先编制的联锁逻辑程序自动地启动相应的保护、救护装置；通过远程报警能得到及时增援，从而使得可能发生的事故能在萌芽状态被发现并消除，已经发生的事故能得到及时有效的控制，使得相关人员、设备和周围环境得到有效的保护。

6. 答：火气报警保护系统由传感器和监测仪器的输入部分，联锁逻辑程序的控制部分，继电器、开关和阀等设备的输出部分三部分组成。

7. 答：不同点见本书，略。

## 单元八　流体输送设备的控制方案

1. 答：离心泵的流量控制方案有：a. 改变泵的出口阀门开度、b. 改变泵的出口旁路阀门开度、c. 改变泵的转速。

特点见本书，略。

2. 答：往复泵的流量控制方案有：a. 改变活塞冲程 $S$、b. 改变回流量、c. 改变电动机的转速。

3. 答：变频器按照能量变换的环节可分为交－交变频器和交－直－交变频器。

特点见本书，略。

4. 答：变频器的输出频率连续可调，最大为50Hz，在调节过程中其输出电压是变化的。

5. 答：左图是通过调节离心式压缩机的回流来控制出口流量，右图是用于防喘振的最小流量控制，异同点在于测量点不同，一个是管道总出口，一个是在离心式压缩机进口，如右图测量点改为管道总进口，则与左图控制作用相同。

# 参 考 文 献

[1] 李京主编．化工自动化[M]．北京：化学工业出版社，2008.
[2] 蔡夕忠主编．化工自动化[M]．北京：化学工业出版社，2009.
[3] 蔡夕忠主编．化工仪表[M]．北京：化学工业出版社，2008.
[4] 纪绍青主编．化工仪表及自动化[M]．北京：化学工业出版社，2009.
[5] 李守忠等编著．化工电气和化工仪表[M]．北京：化学工业出版社，2000.
[6] 厉玉鸣主编．化工仪表及自动化[M]．北京：化学工业出版社，2005.
[7] 张毅等编著．自动检测技术及仪表控制系统[M]．北京：化学工业出版社，2008.
[8] 王霆等编著．可编程控制器与紧急停车系统[M]．北京：化学工业出版社，2006.
[9] 张宏建，蒙建波主编．自动检测技术与装置[M]．北京：化学工业出版社，2008.
[10] 赵瑾主编．CENTUM CS1000 集散控制系统[M]．北京：化学工业出版社，2001.
[11] 张德泉主编．集散控制系统原理及其应用[M]．北京：电子工业出版社，2007.
[12] 周志成主编．石油化工仪表及自动化[M]．北京：中国石化出版社，2009.